区块链

元宇宙的基石

詹蓉蓉　马丹　吴杰　编著

电子工业出版社·
Publishing House of Electronics Industry
北京·BEIJING

内 容 简 介

"在这个时代，开放者赢，中央控制者输。"互联网改变了我们的生活方式，却似乎并未改变生活的底层运行逻辑——完成这一使命的很有可能是区块链。如果你不想旁观这一场变革，那么建议你从学习区块链开始。"白话区块链"平台经历 4 年，将经数十万读者检验的区块链文章集辑成本书，助你在信息海洋中找到需要的答案。5 分钟读完一篇文章便能捡起一块区块链碎片，1 个星期为你呈现一幅区块链全景图。

图书在版编目（CIP）数据

区块链：元宇宙的基石 / 詹蓉蓉，马丹，吴杰编著. —北京：电子工业出版社，2022.3
ISBN 978-7-121-42964-4

Ⅰ．①区… Ⅱ．①詹… ②马… ③吴… Ⅲ．①区块链技术 Ⅳ．①TP311.135.9

中国版本图书馆 CIP 数据核字（2022）第 028035 号

责任编辑：张　晶
印　　刷：三河市双峰印刷装订有限公司
装　　订：三河市双峰印刷装订有限公司
出版发行：电子工业出版社
　　　　　北京市海淀区万寿路 173 信箱　　邮编：100036
开　　本：787×980　　1/16　　印张：11.5　　字数：221 千字
版　　次：2022 年 3 月第 1 版
印　　次：2022 年 3 月第 1 次印刷
定　　价：89.00 元

凡所购买电子工业出版社图书有缺损问题，请向购买书店调换。若书店售缺，请与本社发行部联系，联系及邮购电话：（010）88254888，88258888。

质量投诉请发邮件至 zlts@phei.com.cn，盗版侵权举报请发邮件至 dbqq@phei.com.cn。

本书咨询联系方式：010-51260888-819，faq@phei.com.cn。

前　言

区块链是什么，能做什么，跟我有什么关系？很多人最初学习区块链只是想了解这 3 个问题。但是大多数人在了解的过程中，很快就被套娃式的术语绕晕，虽然看不懂它，但觉得它很厉害。

区块链作为一种现象，走进大众的视野只有两年左右的时间。行业新，变化多端，真假信息难辨，我们只有在了解了区块链本质的基础上，才能结合实践来提升个人判断能力。

面对学习成本和学习门槛高、海量信息需要筛选、对新手不友好的区块链学习现状，作为国内的行业科普先行者，"白话区块链"平台基于 4 年多来与读者的互动和沉淀，编写了这本区块链入门读物，用大白话告诉你区块链从哪里来，会向哪里去。

本书共 6 章。第 1 章介绍区块链诞生的时代背景，以及在中国的发展路线。本章会开门见山地回答关于区块链的 3 大哲学问题：是什么？从哪里来？到哪里去？你可以瞥见这样一个年轻却有故事的行业在它不为人知的沉寂岁月里，如何一路狂奔着实现自我蜕化。

区块链行业的奠基者，是一群不安分的思想斗士，除具备科幻小说家般超越时代的理念和视野，还借助科技之手，实现了区块链从 0 到 1 的跨越。第 2 章整理出理解区块链的必要技术概念，并用深入浅出的语言介绍它们对于区块链的意义和作用。

如果说互联网将我们的大部分线下生活搬到了线上，区块链则试图将互联网生态进行重构，它凭借的是什么？又会将我们带向哪里？第 3 章对此作出回答，并将视角拓展到社会的方方面面，希望为你勾勒出一幅区块链全景图。

互联网 3.0？价值互联网？你可以极富想象力地去看待区块链，不过随着行业的发展和成熟，构想终将落地。第 4 章立足将来，解答人们对区块链未来发展的种种疑问。

很难说区块链行业的发展是否会一如想象般顺利和美好，但可以很确定地说，这个行业目前对人才非常渴求。如果你有志于此，那么无论你是在校生，还是有经验的职场人士，都可以通过第 5 章来了解区块链行业的就业方向。本章也对需求量较大的岗位给出针对性更强的说明。

在行业发展初期，从业者的命运与行业发展休戚相关。在本书的第 6 章中，你能看到几位区块链从业者的故事，尤其是他们如何在关键节点上做对了那几道"选择题"。或许你难以复制他们的传奇，但你会更理解希望和信念的意义。

感谢"白话区块链"平台的所有作者和读者，这本书是我们共同完成的。在过去 4 年中，区块链行业发展时陷险境，"白话区块链"平台也与行业共同经历挫折，正是所有读者的支持和陪伴，让我们的存在有了越来越明确的意义，让我们成为更好的自己。

本书汇聚了多位"白话区块链"平台作者的文章，在他们的思考和表述中，区块链低下身姿，灵动地向我们走来。

感谢所有作者为本书做出的贡献（排名不分先后）：李火华、沈绮虹、汤宇星、吴杰、苏江、郭立芳、梁超（老白）、皮蛋君、晏文春、老牛、TIM YANG、王佳健、刘怡嘉、郭三丽、Allen、WAYNE、ZJJ、芳芳、一棵杨树、Peter、飞鱼。

区块链是一个在实践中不断进行自我革新的行业，要想了解这个行业，了解从业人员的感悟和观点必不可少。在本书的编写过程中，我们对多位行业人士进行了访谈，并对访谈内容进行了整理，包括 VeryHash 创始人孔猛、LaoMao.jp 技术负责人赵余、EosWiki CEO Elton Loi、库币联合创始人 Johnny Lyu、以太经典社区经理胥康、QuarkChain CMO 向亚贞、SIPC.VIP 联合创始人俞佳楠等。在此一并致谢。

书中所列部分事件、数据源自区块链领域的图书、论文及行业专家的文章，在引用时以解释或脚注的形式进行了说明。如有遗漏，还请及时联系本书作者。

行业方兴未艾，感谢你我共行。

本书作者

2022 年 1 月

目　录

4 区块链行业概览 101

楔　子

Facebook 打了个夺眼球的广告——2021 年 10 月 28 日，这家在全球范围内拥有 23 亿多用户的公司，换掉使用了 17 年之久的公司名称，更名为 Meta（元宇宙），使其搜索量骤增 14 倍。"元宇宙"被直接推到舞台中央，整个互联网行业和上下游产业为之震动。

业界迅速达成的共识是"元宇宙是互联网发展的下一个阶段"。然而对于元宇宙的定义，还在热切的讨论中。

元宇宙的英文为 Metaverse，"Meta"源于希腊文，指"之上"，引申为超越；《说文解字》称"元，始也"，引申为根源、根本，两者在各自语言中都是重要的概念且可互通。从这一点出发，可以将元宇宙理解为同时具备基本形态和本质的世界。具体来说，在物质上，元宇宙允许物质以数字形态呈现，在时空和人体感知上接近甚至超越现实；在精神上，元宇宙允许追求广泛的价值和实现可能。在元宇宙中，人们依然会经历这些：为数字钱包中的金额努力工作，建立并处理各种虚拟关系，探寻数字生命的可能性；也依然能体验到丰富的情感：数字豪宅建成和入住时的激动，数字生命的价值有所体现时的满足。

令人期待的是，世界上最聪明的团体，正在根据人类已有的经验和对社会发展方向的判断，共同在元宇宙中重塑人类活动的基本规则——个体自由和群体自治。他们提供各种高效的生产工具，人们可以利用这些工具参与元宇宙的建设和改造，并为自己赢得价值。因此，也可以这样定义元宇宙：让人们更愿意生活和工作其中的数字世界。它平行于现实世界，也通过价值传递与现实世界连接。一些较为极端的理论认为，借助脑机接口，元宇宙可以独立存在。

不过，就像比尔·盖茨认为的那样，预测是一回事，实现是另一回事。元宇宙的发展和实现是一个漫长的过程，现在只不过刚刚启动。2021 年，我们看到的是元宇宙的投资热潮和概念热炒，当市场还停留在概念层面时，在行业领头人的头脑中，元宇宙进一步整合现实与虚拟并替代现有工作方式的场景已经清晰可见。

在社交、游戏领域，腾讯创始人马化腾提出过类似元宇宙的"全真互联网"概念，称"元宇宙是个令人兴奋的话题……将虚拟的世界变得更加真实，以及让真实的世界更加富有虚拟的体验，这是一种融合的方向，也是腾讯的一个大方向"。

在企业领域，微软创始人比尔·盖茨预测，元宇宙的兴起将极大地改变未来的工作方式。他认为，未来两三年内，虚拟会议就将从二维图像转向元宇宙。

需要澄清的一点是，元宇宙是理念，不是技术，它甚至没有发明任何新技术，而是对已有技术进行了整合，包括区块链、5G、物联网、大数据、人工智能等。其中，区块链不仅仅在技术层面，更是在理念层面支撑起了元宇宙的基础框架。

元宇宙和区块链在个体自由和群体自治上的理念完全一致。关于区块链，本书有很多深入浅出的说明，它在本质上是一个由去中心化节点构成的分布式账本，没有中心节点；链上数据经过加密处理，可以追溯、无法篡改，这些特点保障了元宇宙底层框架的安全可靠。

元宇宙中的个体自由指人们可以自由选择元宇宙中的数字形象和身份，并可以凭借个人创意或时间换取相应的回报，这些都由区块链提供底层保障。人们可以拥有多个元宇宙身份，没有中心化的平台记录彼此间或者真实身份与虚拟身份间的关系，每个数字身份都是个人意志的体现。

元宇宙中的经济系统，是人们产生价值、保管财产和消费的基础，也由区块链来负责。NFT 是可以在区块链上发行的数字资产，它将为数字世界的物质产品提供数字合约，实现不可分割、不可复制的特性，保障数字物品的唯一性，数字产品也因此具备了交易价值。基于数字内容的生产和消费将成为元宇宙数字经济的重要组成部分，比如数字身份的形象设计、数字艺术品的创作等，人们获得的加密资产，也要放入区块链的数字钱包中保管。

区块链让人们在元宇宙中拥有了完整的个体自主权，更重要的是，区块链通过社群自治，让参与者共同决定业务规则，而非由某个平台主宰。就像游戏《我的世界》中那样，平台提供材料和 3D 建模等功能，玩家要造什么、怎么造，完全是开放命题，没有人拥有相同的地图，从设计到执行都由玩家说了算。

元宇宙中的社群自治也一样，人们的数字身份拥有自主权，也可在社区中行使调整规则的自治权，其权重或影响力则由数字身份的价值来决定，自治过程的数据保存在区块链上，由智能合约来保证根据参与者共同做出的决定激活相应的规则。

没有区块链，就没有这些去中心化的运作机制，元宇宙也就无从谈起。

理念框架准备就绪的元宇宙，其发展仍将受到短板的影响，例如算力不足、内容生态不足等问题会制约元宇宙的发展速度。但随着技术的发展和成熟，元宇宙将由慢到快，由点到面地飞速发展起来，这个过程不会是线性的，长期积累终将迎来爆发。

所以，如果在未来五年内，元宇宙将进入你的世界，并成为一种充满机遇的、新的生活和工作方式，那时的你会想对今天的你说什么呢？

如果答案是要为未来提前做好准备，那么希望本书能成为你最好的开始。

1

初识区块链

1.1 区块链时代，我们需要知道的那些事

2019 年，一则新闻成为焦点：中共中央政治局就区块链技术发展现状和趋势进行集体学习，强调要把区块链作为核心技术自主创新的重要突破口，明确主攻方向，加大投入力度，着力攻克一批关键核心技术，加快推动区块链技术和产业创新发展。

那么，什么是区块链技术？它的发展过程和现状是什么？未来又有哪些应用场景？这里我们就来说一说。

1.1.1 区块链技术的由来和发展

提到区块链（Blockchain），很多人可能想到比特币（Bitcoin, BTC）。事实上，两者并非一回事，区块链是比特币的底层技术。

2008 年，一个自称"中本聪"的人发布了《比特币白皮书》，想构建一套不会滥发的电子货币系统。2009 年 1 月，比特币正式诞生，总量为 2100 万个，发行规则透明，且没有中心发行机构，发行全靠代码自动执行。比特币系统的核心源代码和运行由参与的人维护，世界上的任何人都可以参与其中。

最早，比特币只在电脑极客中流通。有些人把比特币当作新鲜事物尝试，也有些人被它不会滥发、可以自由流通的"乌托邦"理想所吸引。2010 年，曾经发生过一位程序员用一万个比特币换取两块比萨的事情，当时很少有人会想到比特币会在后来产生那么大的影响力。

随着时间的推移，比特币开始在电脑极客圈外流行。由于参与的人越来越多，投机的资本、炒作接踵而至，比特币的价格也开启了暴涨暴跌模式，引发了一些主流媒体的关注和报道，也吸引了越来越多的人去研究比特币。

人们在研究了比特币的代码之后，把比特币所采用的底层技术称为区块链技术，比特币则是区块链技术的第一个应用。如果把比特币比喻成面包，那么区块链技术就是面

粉。面粉可以制作面包，也可以制作面条、花卷、馒头、糕点。同理，人们可以利用区块链技术创造比特币，也可以利用区块链技术做很多其他的事情来造福整个社会。

1.1.2 区块链是"信任的机器"

顾名思义，区块链是"区块"和"链"的组合，它本质上是一个分布式的账本。那么，这个账本是怎么记账、如何运行的呢？

我们不妨用一个类比进行说明。

一群人共同参与一个游戏。最开始，参与游戏的一群人中站出来一个人，拿着一页空白的账单进行记账，系统给这个记账的人一定额度的奖励（例如 50 个比特币）。记完账后，系统通过加密算法为这一页账单生成一个防伪码，并同时将账单复印给其他所有的人。接下去，大家开始计算一道难题，先算出来的人可以继续记账并得到系统给记账人的奖励。

在记录第二页账单时，需要在开头写上第一页账单的防伪码再开始记账，记完后系统同样通过加密算法生成第二页账单的防伪码，再将账单复印给其他所有人。接着，大家通过计算下一道难题来争夺第三页账单的记账权，胜出者同样会在账单开头标注上一页账单的防伪码，记完后系统同样会生成一个防伪码并将账单同步给其他人，以此类推。这一页一页的账单，按顺序通过装订线变成一本越来越厚的总账本，参与者人手一份。

在这个游戏中，一页一页的账单可以被比作"区块"，装订线可以被比作"链"，通过先后顺序将这一页一页账单装订成总账本，就构成了"区块链"，其本质还是一个账本。只不过这个账本人手一份，没有中心人或组织，任何人都是平等的，所有人都可以通过计算难题争夺记账权，整个账本由所有参与者共同维护。

十多年来，区块链技术从 1.0 时代发展到 2.0 时代，现在正迈向 3.0 时代。比特币是区块链 1.0 时代的典型代表，主要作用是简单地记录交易信息，功能非常单一，应用场景有限。

以太坊（Etherum）项目是区块链2.0时代的典型代表。不同于功能单一的比特币，以太坊增加了"智能合约"功能，智能合约可以简单理解为能自动执行的程序。因为这个可以自动执行的程序，区块链从一个功能单一的账本升级为了一台世界计算机，人们可以在上面开发各种各样的区块链应用。

至于区块链3.0时代，正如5G时代一样，只有等它真正来临之后，人们才能知道它是什么样子的，会产生哪些新的商业模式和社会影响。现在我们谈论的区块链赋能社会发展，主要基于区块链2.0时代。

那么，区块链会在哪些方面赋能社会发展呢？

首先是金融行业。金融行业每天都要和各种账目打交道，区块链本质上是一个分布式账本，利用区块链这个"信任的机器"进行记账、做账、报账、清结算、报税等需要多方信息同步的工作，有明显的优势。

2018年8月10日，深圳市税务局联合腾讯公司推出了区块链电子发票，实现了电子发票不可作伪、数据可查询、交易即开票、开票即报销，极大地简化了传统金融税务的工作流程。

此外，跨境支付也是区块链技术在金融领域的一大应用。利用区块链技术的公开透明、不可篡改、去中介等优点，在跨境支付时，可以减少不同银行间的各种烦琐手续，加快进程。

2018年6月25日，支付宝在香港上线了基于区块链的电子钱包跨境汇款服务，使用港版支付宝，可以通过区块链技术向菲律宾钱包Gcash进行跨境汇款。在产品发布会上，整个汇款过程只用了3秒，而通过传统的跨境转账方式实现该过程需要数天。

除了金融领域，区块链技术在商业领域也大有可为。京东在很早之前就推出了京东智臻链，利用区块链技术打造防伪追溯平台，记录商品从原材料采购到售后每一个环节的重要数据，与监管部门、第三方机构和品牌商等联合打击假冒伪劣产品。

2020年"双十一"，天猫国际商城有超过4亿件跨境商品利用了区块链技术可追溯、不可篡改的特性，实现了永久溯源，防止信息虚假，保障了消费者的权益。

在民生领域，区块链技术的应用前景也非常广泛。例如慈善事业，可以利用区块链技术的公开透明，监测每一笔慈善资金的流向，确保款项最后到达受助者手中。

区块链技术还可以简化政府政务，实现各个职能部门互联互通。2018 年 11 月 13 日，湖南省娄底市发放了首张不动产区块链电子凭证，实现了不动产登记与国土、税务、房产等政府职能部门在数据上的互联互通。

将数据存储到区块链上，也具有法律效力。2018 年 6 月 29 日，全国首例区块链存证案在杭州互联网法院一审宣判，确认了采用区块链技术存证电子数据的法律效力，明确了区块链电子存证的审查判断方法。

对于很多注重隐私保护的人而言，区块链技术是一大福音。我们日常在互联网上留下的各种使用数据，包括身份、手机号码、兴趣爱好、购物记录、位置等敏感信息，都有可能被直接或间接地泄露出去，给我们的生活带来极大的威胁和困扰。区块链技术融合了密码学的原理和加密技术，可以实现用户身份与数据分离、加密存储和分布式存储，让自己的数据完全掌握在自己的手中。

2021 年的区块链技术仍然处于发展初期，就如 2000 年前后的互联网一样，虽然充满了各种各样的可能性，但并不成熟，成功的大规模落地应用非常少，而且还充斥着资本的投机与炒作。

对于这项新兴的技术，我们不能高估它短期内带来的影响，也不能忽视它长期带来的变革。

1.2 区块链在中国

"我们都同意你的理论是疯狂的。有分歧的地方在于，它是否疯狂到有可能是正确的。"量子力学创造者之一的物理学家 Niels Bohr 对异想天开的同事如是说。区块链在中国的发展，正是一个从小部分人的执着或疯狂开始，到社会各界逐渐消除分歧的过程。

1.2.1 理想主义和投机者的新"玩具"

比特币最早出现在中国的时间和比特币发布时间非常近，国内的一些技术大牛凭借着 9 页的《比特币白皮书》，理解了中本聪的构想，在比特币价值基本为零的时候，就开始参与电脑挖矿和比特币科普。

隔着十几年的岁月，人们依旧能感受到当时理想主义的光：第一个把《比特币白皮书》翻译成中文版的吴忌寒，运营资讯网站却不为变现的长铗，为"维护世界和平"开发矿机的"南瓜张"们[①]……

早期的布道者传递交流的，是他们自己对比特币的理解和对未来的想象，只靠这个，吸引的往往也是同样的理想主义者们。不过很快，随着比特币有了市场定价，挖矿和交易成了低门槛的好生意，而币价的波动性吸引来了越来越多的投机者。

在中国，区块链的历史有多久，挖矿的历史差不多就有多长。

《数字黄金》一书的作者在关于比特币的纪录片中坦言：拥有比特币挖矿软件决定权、可以挖到比特币的人，是能低成本获得计算硬件和电力的人。现在，同时符合这两个条件的地方，就是中国。

挖矿是比特币流通的基础。在最早期，只需要下载比特币软件，在个人电脑上就可以挖矿，随着参与者的增加，对算力的需求不断增加，促进了技术的进步。2011 年，专业矿机出现，个人电脑再无可能挖出比特币，挖矿由分散的个人行为转为了在矿场进行的规模性游戏。

当时，中国便宜的水电或煤电提供了有竞争力的电价，中国矿场开启了疯狂的扩张，算力优势使得在中国挖出的比特币一度占据了全球同期产出量的 2/3 到 3/4，比特币社区也出现了是否应对中国矿工产生警惕的讨论。

高产出量直接带动了高交易量，到 2013 年下半年，中国的比特币量超过了全球的

---

① 南瓜张：真名张楠骞，北航计算机博士，国内最早的比特币矿机设计者，绰号"南瓜张"。

一半。

大量的投入和交易风险在一路上涨的价格和高收益面前，都显得无足轻重。2013 年底，在各种因素的推动下，比特币价格从 2009 年的几乎可以忽略不计飙升到了最高时的 1200 美元一个。

击鼓传花的鼓点越来越快，鼓声将停。

1.2.2 重复的热闹中暗流涌动

2013 年 12 月，面对炒作乱象，人民银行等五部委发布关于防范比特币风险的通知。监管之下，交易出入口受限，比特币价格断崖式下跌，最低时不足 200 美元一个。

在之后长达两年多的熊市里，从业者备受煎熬，他们不同的选择直接影响了各自的命运。有人提前止盈，转型投资成为币圈甘道夫①；有人在矿机军备竞赛中赔光信用和身家，黯然离场；有人亏损严重，开启了赚钱还债的漫漫长路；也有理想主义者，坚持着自己看到的未来，做着"送水工"的本分。

不同于大洋彼岸对各种区块链的核心技术都展开了研究，中国从一开始就很少参与比特币核心技术的开发，代码贡献和创新比例很低。然而，中国将挖矿、开办交易所等基础性的工作实现了快速迭代。

这是一个极度敏感又充满波动的市场，随着区块链的概念从比特币中剥离，以太坊问世、ICO 作为募资手段兴起、去中心化等金融概念轮番作为热点上阵。配套监管的缺失，让虚拟资产价格大起大落的戏码在 2016 年之后的几乎每年都会上演一次。

历史在重复，但从来不只是简单重复，总该有些不一样。

2015 年 10 月，当市场行情在低点徘徊之际，第一届区块链全球峰会在上海召开，吸引了全球区块链各领域近 300 位专业人士参加，"中国区块链"开始有了存在感。

---

① 币圈甘道夫：区块链行业早期从业者，后广泛参与各类区块链项目，以及团队的早期孵化和投资。

这一年，阿里巴巴集团的蚂蚁区块链进入研发阶段，并开始在公益领域初试牛刀。

一抹独特的亮色，出现在中国区块链领域。

1.2.3 博观而约取，厚积而薄发

2020 年 8 月，全球研究和咨询公司 Gartner Group 发布《中国区块链服务网络报告》，报告称：中国的区块链服务网络为加速数字商务提供了新的基础设施，（各国）行政领导者应该密切关注区块链服务网络在中国市场和全球供应链中的影响。

如果将时间拉回 2016 年，你就会发现这一切早有端倪。

2016 年初，中国人民银行数字货币研讨会在北京召开，同年 12 月，区块链正式被列入《"十三五"国家信息化规划》。中国信息通信研究院发布的《区块链专利态势白皮书》显示，2017 年，中国区块链专利申请量位居世界第一，到 2018 年，全世界高达 70%的区块链专利申请来自中国。

到 2018 年，腾讯、阿里巴巴集团都已发布基于企业服务的区块链解决方案，和"互联网+"遥相呼应的"区块链+"出现在公众视野。2018 年底，中国 9 个省份推出了区块链产业基金，总额近 400 亿元，北京、上海、重庆等城市出台区块链政策，鼓励和支持相关产业的区块链技术发展。

2019 年 10 月 24 日是一个可以记录在中国区块链发展历程上的日子。在中共中央政治局第十八次集体学习时，国家领导人强调，把区块链作为核心技术自主创新重要突破口，加快推动区块链技术和产业创新发展。

在很多人仅将这一政策信号理解为市场利好时，从业人员发现，这一要求指明了中国区块链技术的研究方向，也赋予了区块链现阶段在中国的发展使命。

当国际区块链领域聚焦于区块链技术带来的金融创新时，中国区块链的技术研究热点集中在了联盟区块链上的关键技术上，并在政府和行业应用上实现了落地。

例如，住房和城乡建设部联合中国建设银行利用区块链技术对公积金进行管理，将全国 491 个城市的公积金中心作为节点，不管居民在哪个城市缴纳公积金，都可以很方

便地进行异地操作。

2019 年，中国人民银行宣布，数字货币 DECP 取得了积极进展，发言人称"央行数字货币可以说是呼之欲出了"，随即，数字货币迅速进入落地试点阶段。

可以看到的是，在 2020 年开始的 10 年，全球范围内的区块链依旧狂热，并将得到越来越多的国家、行业和个人的认可和参与。与此同时，中国区块链这台列车在产业结合、由虚向实的轨道上疾驰着，有了更为明确的方向。

1.3 什么是通证，通证的本质是什么

国外的知乎（Quora）上有这样一个问题：

请问什么样的项目需要自己的通证（**Token**），而不使用以太坊、比特币或其他更成熟的基础设施币（**Coin**）？（What kind of projects need their own **Token**, instead of using Ethereum, Bitcoin, or other more established infrastructure **Coin**？）

刚接触区块链的小伙伴，会经常被区块链文章中的"代币""币""通证""Token""Coin"这些词绕晕，其实不止他们，不少文章中也经常用错词。它们是不是一回事？如果不是，那又有什么区别呢？

其实，Coin 和 Token 正是区块链加密货币（Cryptocurrency）的两大分支，中本聪和 V 神（以太坊创始人 Vitalik，常被称为 V 神）从一开始就明确了这两个词的用法。

1.3.1 中本聪和 V 神的选择

翻开区块链世界里最早的两个项目——比特币和以太坊——的官方说明书，你会发现，在《比特币白皮书》中只有 Coin，没有 Token；而在以太坊的官方说明书中只有 Token，没有 Coin。

联系这两者的定位，Bitcoin—— 一种点对点的电子现金系统，这个系统产出的币是

bitcoin，是 Coin，通常我们将其翻译为代币。Etherum——安全的去中心化通用交易平台，它就像我们的 Windows 系统，可以安装各种各样的应用程序，这些程序也会产出币，不过它们被称为 Token。

至于 Coin 和 Token 的中文说法，CSDN 副总裁孟岩先生提出将 Token 翻译成"通证"更为恰当，"代币"所指的范围太小，并不能完全表达 Token 的意思。通证，意思是可流通的加密数字权益证明。随着接受并使用"通证"这个翻译的人越来越多，"通证"一词开始频繁出现在媒体的文章中。

就这样，在 Bitcoin 和 Etherum 两位"大佬"的指引下，Coin 和 Token 的用法逐渐固定下来：区块链项目发行的加密货币是 Coin，而某个区块链平台的应用发行的加密货币叫作 Token。

简单来说，Coin 是某个平台（platform，或理解为公链、协议）自带的、原生的；基于某个平台的协议标准可以生成无数个 Token。

举个例子，以太坊区块链有自己的原生 Coin，即 ETH，基于以太坊的标准协议（例如 **ERC-20 协议**），可以产生无数的 ERC-20 Token，例如主网上线前的 EOS、BNB。至 2021 年 9 月，以太坊上基于 ERC-20 标准的 Token 数量已经超过了 45 万，它们和以太坊平台、以太币的关系如图 1-1 所示。

在图 1-1 中，区块链技术在底层，上面是基于区块链技术构建的各类平台（也称协议或链），倒数第三层是平台自身带有的 Coin，最上层则是基于协议构建的 Token。平台先有 Coin，基于这个平台可以开发出不同的 Token。

就像房屋一样，如果下层不稳定，上层就不可靠，区块链平台的自身情况，也直接影响着平台上的应用。简单来说，就是你如果不看好某个 Coin，那么同一体系的 Token 也不用考虑了。

要构建 Token，能提供一整套开发工具的平台是必不可少的，如果没有智能合约和良好的开发生态，便不可能有如此之多基于以太坊的 Token。

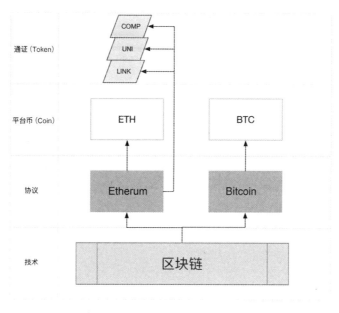

图 1-1

1.3.2 区块链项目这么多，搞不清楚怎么办

区分好 Coin 和 Token，对判断项目的应用范围和价值会有很大帮助。不过现在区块链项目如此之多，对于某个代币，应该如何判断呢？

知名数字货币行情网站 Coinmarketcap 给了我们一个简单的方法：Coin 是独立存在的加密货币（A *Coin* is a cryptocurrency that can operate independently）。Token 是以另一种加密货币为平台的加密货币（A *Token* is a cryptocurrency that depends on another cryptocurrency as a platform to operate）。

这个方法也指明了每个代币的性质，Token 与特定的区块链平台有关。

现阶段，大多数 Token 是基于以太网络发行的。

1.3.3 是 Token，也是 Coin？

有意思的是，Token 并非一成不变，有些 Token 可能随着开发状态的推进转换为

Coin。

曾有基于以太网的某种 Coin，在自己的主网上线后，成为自己主网上的原生 Coin。随着生态的发展，该主网提供开发工具后，又出现了基于该主网协议的 Token，而原来以太网上的 Coin 也会通过智能合约锁定，不再流通。

1.4 什么是无通证的区块链

通证经济分为系统及应用两个分支，系统分支的研究方向包括生态通证模型设计，应用分支则专注于对传统金融模式的改革[①]。

Token 这个单词有过多个版本的中文翻译，包括令牌、代币等，现在逐渐统一为通证，用来代表区块链中某个应用发行的凭证。区块链和 Token 的关系是区块链的辩论热题，甚至有人提出，没有 Token 的区块链不是真正的区块链。

我们先来看看现实中是否有无通证的区块链呢？

回答是有，且不在少数。例如 IBM 的超级账本；国际区块链联盟 R3 面向银行的分布式总账技术；百度、阿里巴巴、腾讯、京东的溯源区块链；IBM 和 Maersk 推出的全行业海运跨境供应链解决方案都没有用到 Token。

那为什么会很多人将区块链和 Token 看成是一体的呢？

一是先入为主，比特币诞生于 2009 年 1 月 14 日，在它的英文白皮书里并没有出现 Blockchain 和 Token 这两个词，比特币为人熟知后，有人总结了比特币采用的技术及业务逻辑，并将这一模式称为区块链。

区块链所采用的技术包括分布式数据库、不对称加密、数字签名等，为了解决区块链应用中不断出现的新问题，新的技术还在不断涌现。

---

① 摘自《通证经济》。

由于比特币实在有名，很多人是通过比特币才知道区块链的，所以自动将其等同于区块链。

二是认知上的影响。在区块链应用发展早期，虚拟货币流通主要是面向普通用户的，大家接触得更多，自然更强化了区块链有 Token 的认知。对其他面向企业或公众事业的区块链应用，会选择性地看不见。

了解区块链的本质后，或许就清楚区块链和通证的关系了。

1. 是技术而不是激励保证了区块链的安全

区块链解决了多方合作中的信任问题，这种信任的基础是加密和数字签名等技术，而不是 Token。

那么 Token 扮演的是什么角色呢？

Token 是区块链激励机制的一部分。区块链具有可信的技术基础，但要让它足够安全还有个前提，就是参与的人数要足够多。参与的人越多，区块链网络数据越难篡改，区块链才越安全。

想想比特币，现在参与的算力已经超过 150 EH/s，即每秒的运算次数超过了 $1.5×1020$，篡改难度已被推至天际。

2. 参与各方如果没有信任基础，那么合作初期的激励是必要的

比特币是面向任意点对点的应用，也就是说交易双方不需要认识，参与者的参与意愿不仅需要由信任基础来保证，在发展初期更需要一套有效的激励机制，并通过 Token 的方式体现。

而在区块链技术应用初期，应用目的和合作方属于如下情况的，有极大概率不需要通证。

应用目的：采用区块链技术来解决具体问题。例如分布式存储和链式数据结构，在权限范围内共享各方信息，提高数据篡改成本和协作效率。

应用范围：参与各方相互信任。例如同一个集团公司，存在行政管理的上下级关系，不需要无关的人参与进来，因此不需要建立激励机制。

不需要设置激励机制，通过区块链技术来解决具体问题的私有链或者联盟链，是无通证的区块链。

2

零基础入门：快速搞懂区块链

2.1 加密算法，区块链的核心和基础

如果你知道区块链的交易信息是在互联网上发送且可以公开查询的，那么你是否会担心数据泄密？这些信息中包括金融数据，例如谁从什么账户里向谁的账户转了多少钱，谁来保证用户的隐私和数据安全？

传统的银行是通过限制对金融信息的访问实现隐私的控制和数据安全的，但区块链恰恰相反，它将交易信息公开，然后用其他方案来保证数据的安全。

那是什么方案呢？答案是匿名性和非对称加密。

关于匿名性，中本聪做了一个形象的比喻：这就像股市，公众能看见什么时间成交了多少量，但并不清楚参与方都有谁。

非对称加密听起来技术性更强，其实它只是实现了这样一件事：我要给你 100 块钱，我往桌上一放，每个人都能看到是我放在这的，但只有你能拿得走。

你一定会好奇这是怎么做到的，下面就来说明。

在讲非对称加密之前，先简单讲一下对称加密。对称加密也叫作单密钥加密，指的是用同一个密钥对信息进行加密和解密。简单讲就是上锁和开锁用同一把钥匙。

例如在现实生活中，你想寄一封信给你的朋友，为了确保信的内容不被他人剽窃，你会想着把信件锁在安全的柜子里，然后将柜子寄给朋友，而你的朋友只能用你给的钥匙才能打开这个柜子，进而取出信件。这样一来就保证了信件在邮寄过程中不被他人看到。

"上锁"和"开锁"用同一把钥匙，这把钥匙相当于对称加密中的"私钥"，而"上锁"和"开锁"过程相当于"加密"和"解密"过程，"信件"则是我们要加密的信息，信息加密后是"密文"，解密后则是"明文"。

但是细心的你可能想到，信件上锁放入柜子固然安全，但是开这个柜子必须用上锁

的那把钥匙，那么这把钥匙怎么给朋友？一旦选择邮寄钥匙，就存在安全隐患，除非亲手把钥匙交给朋友，这样的话为什么不直接亲手把信件给朋友呢？

所以，**对称加密的一个难题是密钥配送困难**。针对这一难题，密码学史上伟大的发明——非对称加密——诞生了。

非对称加密有一对密钥，分别是私钥和公钥，公钥和私钥一一对应，私钥需要保密，公钥则是可以公开的。加密和解密不用同一个密钥。

回到之前的例子，你朋友有一对钥匙（钥匙 A 和钥匙 B），钥匙 A 可以锁上柜子，钥匙 B 可以打开柜子。于是按如下步骤操作，便可保证信件的安全了。

1. 朋友把钥匙 A 邮寄给你，钥匙 B 由自己保管。

2. 你用钥匙 A 把信件锁到柜子中。

3. 你将柜子邮寄给朋友。

4. 朋友用钥匙 B 打开柜子，取出信件。

在非对称加密中，钥匙 A 相当于公钥，它被人知道也没有关系；钥匙 B 相当于私钥，它需要小心保存，不能丢失。"上锁"和"开锁"对应"加密"和"解密"过程。

细心的你又想到了，如果在朋友把钥匙 A 寄给你的时候，快递人员偷配钥匙怎么办？

复制钥匙 A（公钥）是没用的。因为快递人员即使有钥匙 A，也不能打开柜子，柜子被钥匙 A 锁上之后，只能被钥匙 B 打开。这期间，钥匙 B 一直在朋友手上，只要朋友不把钥匙 B 弄丢，这个柜子就只能由朋友打开。

在非对称加密中，最重要的是加密和解密用的不是一把密钥，而是一对密钥，即私钥和公钥。比特币中的公钥就是通过私钥推导出来的，公钥再转换成账户地址，公钥和账户地址都是可以公开的。**最重要的是，你无法通过公钥反向推导出私钥。**

上述过程简单来说就是"公钥加密，私钥解密"。在区块链中，当别人给你转账的时候，你的收款地址相当于公钥，是公开的，而只有持有私钥才可以"解密"转入的资产。

所以，当你能像看股票交易信息那样实时查看区块链加密资产交易信息时，别忘了，在非对称加密及其他技术的保驾护航下，这些彻底公开的数据，也彻底安全。

接下来，你会不会想：既然公钥是人人都能看到的，那么我们又如何确认发送人的信息可靠呢？

这正是非对称加密的另一种方式——**私钥加密，公钥解密**。典型的应用场景就是数字签名，A 用自己的私钥加密信息后发送给 B，并将公钥发送给 B，B 利用公钥解密信息，如果 C 和 D 也有这个公钥，那么 C 和 D 也可以解密这个信息，但是只有持有私钥的 A 才能加密这个信息，因此可以确保这个信息是由 A 发出的，这种方式比较适用于一些公司领导做电子签名。将这种方式对应在区块链中，你的收款地址相当于公钥，人人可以看到，但是如果你要转移资产给朋友，就需要输入密码（私钥）进行数字签名，来表示这个资产确确实实是由你转出的。

2.2 分布式、去中心化和多中心化是一回事吗

在区块链领域里，我们经常能看到分布式、去中心化和多中心化这三个词语，它们到底是不是一回事儿？如果不是，那么又有什么区别呢？我们通过几个例子来说明。

有一卡车的砖需要高效快速地搬到工地，工长喊来一大群工人搬砖，每人每趟只需搬几块，很快就搬完了。工头发布的任务就叫作"分布式"任务。

有 21 个工人偷懒，围在一起玩丢手绢的游戏。根据规则，每个人背后都有可能被放手绢，每个人都可能需要表演节目，大家都觉得很公平，因为没人能在那么多人盯着的情况下作弊，这就是"多中心化"。

工地旁有条河，里面有鱼，任何人都可以随时到河里捕鱼，多劳多得。捕鱼的人也可以互相交换、出售自己捕到的鱼。在这条河里自由地捞鱼就是"去中心化"。

能否正确理解分布式、去中心化和多中心化，关系到对区块链以及许多项目的看法

是否准确。

去中心化：相对于"中心化"的概念。在去中心化的系统网络里，每一个参与者（节点）都是平等且自由的关系，没有谁依赖谁。这就像朋友聚会，畅所欲言，你可以选择不说话，也可以选择中途离场。中心化则像领导开会，所有人要听从领导这个"中心"在会议上指示和安排。

多中心化：和去中心化有一些相近，是由多个中心节点组成的平等网络，对节点的参与和退出可能有所要求和限制。多中心化的参与者必须符合一定的要求、提供一定的软硬件设施才有可能成为候选节点。

分布式：分布也可以说分散，分布式的网络节点是分散的，它们之间互联互通，当一个节点出现故障时，其他节点仍然能够继续工作。所以，这个网络比单一节点更可靠。例如，现在的云计算服务商把多个地区机房的计算机串联起来提供分布式的服务器、存储、应用等服务，具有可靠、稳定、安全、能支持大型网络任务、付费方式灵活等优点。

再例如，"12306"火车票订购网站每年春运前后都可能承受数百亿次的访问，使用优秀的分布式架构的网络服务，让服务器遍布大江南北，不但可以提升全国各地用户的访问速度，还能安全稳定地处理巨量的火车票查询和订购业务。

因为分布式和去中心化都可以与区块链技术结合，所以很多人认为分布式就一定是去中心化的。其实不然，就像前面所举的例子，"12306"火车票订购网站采用了分布式的网络服务，那么它的服务就是去中心化的服务吗？显然不是。

那么，"多中心化"就一定是"去中心化"吗？

也不是，"去中心化"需要多个条件。联盟链有多个中心节点，很多人认为多中心的联盟链虽然效率很高，但是节点是受限的，而且节点数量不够多，不够自由，没有去中心化那么强大。

有人说，多中心化是对"区块链不可能三角"（指系统的可扩展性、去中心化、安全性无法同时得到满足）的较好的平衡；也有人认为去中心化或者多中心化都只是一种手段，真正让应用落地，发挥价值才是应该追求的目标。

可以这样理解三者的关系：在大部分情况下，去中心化是多中心化的子集，而多中心化是分布式的子集。分布式所指的范围最大，既包含多中心化，也包含去中心化。也可以说，去中心化的比特币就是分布式账本、多中心账本。

2.3 三分钟教你看懂中本聪与拜占庭将军问题

如何在一个由权威机构作为中介却存在各种漏洞的世界里，安全地传递各种信息？在这个问题被解决之前，区块链无从谈起。而解决这个问题，要从一个遥远的故事说起，那就是拜占庭将军问题。

拜占庭帝国即中世纪的土耳其，拥有大量的财富，令周围 10 个邻邦垂涎已久。但拜占庭高墙耸立，固若金汤，没有一个邻邦能够单独入侵。如果有邻邦选择单独入侵拜占庭，那么不仅入侵行为会失败，自身也可能被其他 9 个邻邦入侵。拜占庭帝国防御能力如此之强，至少要有 10 个邻邦中的一半以上同时进攻，才有可能被攻破。

如果其中的几个邻邦计划好一起进攻，但在进攻过程中出现背叛，那么入侵者可能都被歼灭。于是每一方都小心行事，不敢轻易相信邻国。

如何在这种信任与欺诈的环境中获胜？这就是拜占庭将军问题。

拜占庭将军问题（Byzantine Generals Problem）由 Leslie Lamport 与另外两人在 1982 年提出，这个问题困扰了计算机科学家们数十年。

在拜占庭将军问题里，最重要的事情是：所有将军如何达成共识从而攻打拜占庭帝国。

达成共识并非坐下来开个会那么简单，有的将军心机深不可测，口是心非，如果有叛徒，那么可能出现各种问题。在对拜占庭问题进行深入研究后，科学家们得出一个结论：如果叛徒的比例大于或等于 1/3，那么拜占庭问题无解。

当然，如果叛徒的比例小于 1/3，那么问题还是可解的。科学家们提出了口头信息和书面协议两个方案。

解决方案一——口头信息。第 1 个将军把自己的决定通知所有国家，第 2 个将军再将第 1 个将军和自己的决定通知所有国家，以此类推。一轮下来，所有将军便知道了所有的信息，如果有一半以上的人决定进攻，那么即使有叛徒，少数服从多数也是有利的。

解决方案二——书面协议。每个将军都派人通知其他将军，例如一起约定"某天早上六点，大家一起进攻拜占庭，同意就签个字"。一轮之后，根据所有将军返回的信息决定是否进攻。

书面协议相比口头协议更稳妥，信息都会被记录，解决了信息溯源问题，但仍然难以避免效率过低、伪造签名防伪等问题。

拜占庭将军问题就是一个简化了的网络安全问题：不通过微信、QQ，你如何使用联网设备，在不安全的网络中传递信息给其他人，还要正确快速，不被黑客篡改内容。

莱斯利·兰伯特提出了"拜占庭将军问题"，但真正解决这一难题的是中本聪。

中本聪提出的解决方案就是区块链技术。

如果 10 个将军中的几个人同时发起信息，势必会造成混乱，各说各的攻击时间和方案，行动难以一致。谁都可以发起进攻的信息，但由谁来发起呢？中本聪巧妙地在这个系统中加入了发送信息的成本，即一段时间内只有一个节点可以传播信息。

它投入的成本就是"工作量"：节点必须完成一个计算工作才能向各城邦传播信息，谁第一个完成工作，谁才能传播信息。

由某个节点发出统一进攻的信息，各个节点收到发起者的信息后必须签名盖章，确认各自的身份。为了确保签名不被篡改，中本聪在这里引用了我们前文提到的非对称加密技术，让签名不可伪造。

例如，将军 A 想给将军 B 发送信息，为防止信息泄露，A 需要使用 B 的公钥对信息加密，B 的公钥是公开的，B 需要使用只有他自己知道的私钥解密。B 想要在信件上声明自己的身份，他可以写一段"签名文本"，用私钥加密并广播出去，所有人可以根据 B 的公钥来验证该签名，确定的 B 的身份。

由此，一个不可信的分布式网络变成了一个可信网络，所有的参与者都可以在某件事上达成一致。

工作量证明可以简单地理解为一份证明，现实中的毕业证、驾驶证都属于工作量证明，它用检验结果的方式证明你过去做过多少工作。

在拜占庭的系统里加入工作量证明，其实就是简单粗暴地引入了一个条件：大家都别忙着发起信息，都来做个题，看谁最聪明，谁就有资格第一个发起信息。

这道题必须是绝对公平的，中本聪在设计比特币时，采用了一种叫作哈希现金的工作量证明机制，计算机需要用穷举法找到一个随机数，可以说，能不能找到全靠运气。对于各个节点来说，只有随机才是真正的公平，实现随机的最好办法是使用数学逻辑。

如果不同的将军先后解出了题并向这个网络发布信息，那么各个节点都会收到来自不同节点的表示进攻或者不进攻的信息，这时怎么办？只有最早发出的信息才是有效的。中本聪巧妙地设计了一个时间戳，将每个将军解好题的时间（出块时间）盖上时间戳。将军们又凭什么要一起做工作量证明呢？为此，中本聪又设置了奖励机制，比特币的奖励机制是每打包一个块就奖励一定量的比特币。

对了，如果出现背叛怎么办？

在这个分布式网络里，每个将军都有一份实时与其他将军同步的信息账本。账本里有每个将军的签名，可以验证将军的身份。如果出现了不一致的信息，就可以知道发出不一致信息的是哪些将军。尽管有不一致的信息，但只要超过半数同意进攻，就可以采取少数服从多数的原则，共识达成。

由此，在一个分布式的系统中，可以有坏人，坏人可以做任何事情（不受协议限制），例如不响应、发送错误信息、对不同节点发送不同决定、不同错误节点联合起来干坏事等。但是只要大多数人是好人，就完全有可能去中心化地实现共识（Consensus）。

区块链上的共识机制主要解决由谁来构造区块，以及如何维护区块链统一的问题。拜占庭容错问题需要解决的同样是由谁来发起信息，如何实现信息统一、同步的问题。

基于互联网的区块链技术，克服了口头协议与书面协议的种种缺点，使用信息加密技术，以及公平的工作量证明机制，创建了一组所有将军都认可的协议，由于这套协议的出现，拜占庭将军问题完美地得到了解决。

伟大的创新者站在前人的肩膀上，中本聪是各种前沿技术的整合创新者，古老的疑难杂症在这种整合创新下，迎刃而解。

2.4 共识机制：孰优孰劣？凭什么来判断？

在一些与区块链相关的信息中，免不了会出现 PoW、PoS 和 DPoS 这些名词。今天，我们就来聊聊什么是 PoW、PoS 和 DPoS。

PoW、PoS 和 DPoS 用一句话概括，就是区块链的三种主流共识机制。

通俗地说，区块链是一个去中心化的账本。这个账本与传统账本不同，不是由会计或少数几个人来记账的，而是人人都可以参与记账的。而且，记账时需要遵循一个大家都认可的规则，即"怎样记账才有效"，而这个大家都认可的规则就是区块链的共识机制。

例如，一家人计划去国外旅游，通过少数服从多数的方案，选定了泰国，那么到泰国去旅游就是全家形成的共识，而少数服从多数就是全家确定旅游目的地的共识机制。

同样，PoW、PoS 和 DPoS 分别代表区块链网络的三种主要记账规则，它们的作用非常大，直接关系到记账权和相关收益的分配。不夸张地说，共识机制是区块链的灵魂。

2.4.1 PoW

PoW（Proof of Work，工作量证明）是比特币采用的共识机制，也是最早被广泛认可的机制。它就像你的大学毕业证，证明了你确实有过大学的学习经历。工作量证明机制，就是用工作量证明贡献大小，再根据贡献大小确定记账权和奖励。

这个证明过程，是通过计算机的数学运算进行的。可以理解为：大家都去解答同一道题目，谁先算出来，谁就负责记账，并得到相应的报酬，这个报酬就是网络产生的数字货币。例如，在比特币的网络系统里，谁先将题目解答出来，谁就得到比特币作为奖赏。

PoW 的优点是去中心化最彻底、安全可靠、不需要中心化的管理机构，用户（即节点）之间实现了公平竞争，谁先解答出题目，谁就获得相应收益。

主要缺点是共识时间长、耗能大、记账成本高。大家一起算题目，都要耗费算力，而最终只有一个用户所做的功有效，其他人做的都是无用功。而计算机是靠电力带动的，大家一起用计算机算题，其实也耗费了大量电力资源。比特币采用 PoW 共识机制，每年需要消耗价值几十亿美元的电力，一直遭人诟病。

2.4.2 PoS

PoS（Proof of Stake，权益证明）机制，即拥有越多股权，就可以获得越多奖励。这里的股权指持有的数字货币的数量和时间，并据此分配权益，类似股票的分红制度。持有的币越多，持有的时间越长，则币龄（币龄=持币数×持币时间）越大，能拿到越多的分红，也就有更大的记账权利。

PoS 的优点有三个：一是耗能少，不需要像工作量证明机制一样，耗费大量的能源。二是作恶成本高昂，想要攻击网络的话，必须有超过全网 51% 的币龄（也可以理解为算力），这个难度就很大了，不仅需要大量的币，还要持有足够长的时间。三是达成共识的时间短，网络环境好的情况下，可实现毫秒级响应。

PoS 的缺点有两个：一是持币趋于集中化，因为持有的币越多，时间越长，分配的收益越多。二是流动性变差，持币有收益，就没有动力去套现，会囤币不动，开启"躺赚模式"，导致币的流动性变差。

PoS 的代表是未来币以及转型之后的以太坊。

在数字货币以及区块链技术发展的开始几年，PoW 和 PoS 是主流的共识算法。PoW 根据计算能力随机出块，PoS 根据拥有的财产随机出块。

随着数字货币及区块链技术的发展，比特币所谓的"去中心化"变成了一个笑话，ASIC 等矿机的发明使得矿霸和普通用户在算力上的差距发生质变。

PoW 这种最为"去中心化"的设计，已经出现了算力中心化的趋势。而 PoS 对于币龄的设计也让后来者很难居上。与比特币一样，很多 PoS 币种也不可避免地走向了某种中心化。

2.4.3 DPoS

DPoS（Delegated Proof of Stake，委托权益证明）机制，是在 PoS 基础上优化而来的，通过投票的方式选出生产者，代表所有成员履行权利和义务，而不是通过算力来决定。如果生产者不称职，那么随时可能被投票出局。投票的权重和分配的收益，都是按照持有的加密货币数量占总量的百分比来计算的，51% 的股东的投票结果是不可逆且有约束力的。

DPoS 和股份制公司类似，普通股民不能进董事会，要通过投票选举代表来组成董事会，用每个人手上的数字货币计算权重，再根据权重投票选举出能代表他们权益的人代理记账。

DPoS 的优点是出块时间超短、效率超高、几乎不会分叉，同时记账节点数量少、协作和记账效率高。它的代表有曾流行一时的 EOS 等。它的缺点是减弱了去中心化的程度，由选出的代表进行记账，存在一定的中心化控制。

DPoS 在未来相当长的一段时间内，都具有独特的优势，是相对先进的共识模式。原因大概有三点。

第一，已经有成功运行数年，发展相对成熟的 DPoS 项目。例如，比特股和 Steem。

第二，越来越多的币种开始采用 DPoS 作为共识机制。例如，EOS、Nano（XRB）、LISK、ARK、Aelf、阿希、闪电比特币等，大势所趋，挡也挡不住。

第三，完全的去中心化真的有必要吗？如果你读过《人类简史》，那么应该知道，让人类或者说智人逐渐融合的，有三股最大的力量，即经济上的货币秩序、政治上的帝国秩序、宗教上的全球性宗教。由此可见，经济、政治、宗教（或者说人的心灵）从来都是一个整体，不可孤立看待。

去中心化，一个多么诱人的字眼。在看到的一瞬间，就会联想到民主、平等这些美好的字眼，中心化则对应着独裁、专制等不好的含义。但很多人并不清楚，"民主"二字，在历史上相当长的一段时间内，都不是一个褒义词。因为民主往往意味着"多数人的暴政"。曾几何时，雅典人实行了比今天更为去中心化、更为激进的民主制度，例如万人公民大会、500 人民众法庭等，而哲学之父苏格拉底就死于这样的审判。

现在的代议制民主制度由民众投票选举议员，由议员组成国会，为国家掌舵。看上去是不是有些面熟？这不就是 DPoS 吗？无独有偶，作为经济主体的公司，尤其是最为重要的股份制有限公司，用的都是现代企业的董事会制度，与 DPoS、代议制民主的框架基本一致。

本质上，DPoS 和代议制民主及董事会制度一样，都是一种精英制度。但这种精英制度受制于下面的民众。在代议制民主国家，议员是被全民选举出来的；在 DPoS 中，代币持有者至少有权决定见证人或者说矿工的身份。相比于变了味的 PoW 与 PoS，DPoS 反而更加符合去中心化、平等的精神。

在这个世界上，有很多的不可能三角，或者说三元悖论。经济学里最为出名的无疑是"一个国家不可能同时实现资本流动自由、货币政策的独立性和汇率的稳定性"的不可能三角。

对于传统商业社会，质量好、速度快、安全是一个不可能三角——三者只能实现两个。对于区块链世界，去中心化、速度、安全也只能三者选其二。

但是，去中心化只是手段，不是目的，不能为了去中心而去中心。如果一件事通过半中心化甚至中心化可以做得更好，那么为什么一定要坚持完全的去中心化呢？万物皆有取舍，DPoS舍弃了部分的去中心化，换来的却是效率和安全性能的大幅提高。

世界不断向前，人性与规律亘古不变。马太效应、二八定律、长尾理论，无论是对于传统世界，还是对于区块链世界，同样适用。比特币也好，区块链也好，去中心化并不会改变它们。

DPoS完美吗？当然不。但在当下，或许未来的一段时间内，DPoS还是具有很大优势的。

没有任何一种共识机制是完美的，每种机制都有自己的短板。随着区块链技术不断发展，共识机制也会被不断优化，未来可期。

2.5 什么是双花？什么是51%攻击？

相信很多人都幻想过把一份钱当成两份、三份、甚至是多份用。数字货币的本质是一串字符，那能不能将代表着数字货币的字符复制拷贝，当成两份、三份、甚至多份用呢？

古代传说中有聚宝盆，只要放一份钱进去，就可以复制出无数份来。对于数字货币来说，得私钥者得货币，既归属于个人又没有第三方监管，如果有人复制这些私钥的代码，那么会不会产生出无数份钱来呢？

想象一下：你花光了支付宝里的钱买了一颗钻石，由于系统问题，这笔钱未被扣除，你发现余额还在，马上又买了一颗，此时第一笔的扣费才刚刚生效，当店员发现问题时，你已经拿着两颗钻石不见了。

将一份钱花了两次或者多次，就是所谓"双花"（Double-spending）。双花的危害性之大，在比特币仅9页的白皮书中被提到了多次，它称"……is incomplete without a way to prevent double-spendin"，意思是，如果虚拟货币没有解决双花问题，那么将是不完整的。

在现实生活中，每天都进行着海量交易，为了不出错，银行、支付宝、微信支付这样的金融平台需要对数据进行处理和校验，让我们在数字支付中免遭"双花"风险。

可是虚拟货币是点到点的交易，并没有这样的金融平台，如此风险巨大的双花问题又该如何处理呢?

在正常情况下，区块链的交易流程是这样的：李雷用 1 个比特币给韩梅梅买一款钻戒，这时候李雷从自己的账户里转出 1 个比特币到老板的比特币账户里，这笔交易将会被矿工验证并打包记录在区块编号为 N 的区块里，李雷的账户中将减少 1 个比特币，金店老板的账户中将增加 1 个比特币。可见，交易验证和打包记录是交易能否生效最重要的一环，这项工作由负责打包数据和出块的矿工负责，数据也会得到全网矿工的确认。

但如果李雷控制了比特币全网 51% 的算力，他就可以利用这个规则，拥有修改区块交易记录的能力。当他想"双花"这个比特币时，他就可以在买完钻戒付完比特币后，修改第 N-1 区块之后的所有区块数据，从而分叉出一条新链。由于李雷掌握了 51% 的算力，能够更快地生产出新的"区块"来，因此新链很快就会成为最长的链，被所有节点接受，从而成为主链。在这条新链上，没有李雷和老板的交易记录，李雷买钻戒的比特币仍在自己的账户里。与此同时，李雷拿到了钻戒，通过"51% 算力攻击"成功实现了"双花"。

如果一个币种遭受"51% 算力攻击"，链上的数据将被篡改，这个币种的价格大概率会归零，变得一文不值。

题外话：发起"51% 算力攻击"的成本

"51% 算力攻击"主要针对采用 PoW 共识机制的区块链，发起"51% 算力攻击"还需要考虑两个因素：一个是能否租到足够多的算力，另一个是攻击过程中的算力成本和电费。

对有些区块链来说，发起"51% 算力攻击"的成本，并没有大家想象得那么高，甚至可能低到令人吃惊。

根据 Crypto51 网站 2020 年 12 月 2 日的数据，对 QuarkChain 发动"51% 算力攻击"的成本为每小时 25 美元，且能租到足够充裕的算力，这意味着，对于这条链的攻击，理论上是有可能的。

为什么对有些币种发动"51% 算力攻击"的成本这么低呢？主要有以下几个原因。

1. 不少基于 PoW 共识机制的币种，由于参与的挖矿工少，总算力很小，很容易发起算力攻击。

2. 随着 ASIC 矿机的出现，拥有大量矿机者很容易获得小币种 51% 的算力。

3. 算力租赁市场的出现，使得想发起 51% 算力攻击的人，可以低成本、短时间从算力市场租到足够的算力。由于算力是租的，攻击者就更能进退自如了。

以上三条是对那些参与挖矿的人不多，整个网络的算力也比较低的币种而言的。

对于比特币这种已经拥有巨大算力的链，发起 51%算力攻击的成本非常大，而且难以租到足够多的算力，所以想通过算力成功攻击比特币几乎不可能，这就是很多人信赖比特币的原因。

2.6 智能合约是一种艺术，程序员是艺术家

每年的 10 月 24 日是世界程序员日，也正是程序员们为区块链提供了最重要的作品：智能合约。

先来讲两个故事。

故事 1：从前，有个从小就学习不好的年轻人，他可能得到了一张很神奇的纸，因为他捣鼓了没多久后，就变得名声大噪，这张纸也变得非常昂贵。

故事 2：从前，有个辍学的年轻人，他可能得到了一台很神奇的机器，因为他捣鼓了没多久后，就变得名声大噪，这台机器里的资料也变得非常昂贵。

故事讲完了，故事中的纸和机器都是普通的东西，一点儿也不神奇，那么请问这两个人是如何把普通的东西变得昂贵、有价值的呢？

答案：前者是一位画家，后者是一位程序员。画家和程序员在纸上、在机器中注入了人类的智慧和灵魂，把自己的意识形态赋予在了这些没有生命的东西中，让它们变得非常有价值。这，就是艺术。

其实这两个人早已家喻户晓：故事 1 的主人公叫毕加索；故事 2 的主人公叫比尔·盖茨。

再来讲两个故事。

故事 3：从前有个出身贫寒的小学徒，他的工作是把一块一块四四方方的金子融化，变成各种漂亮的形状，然后卖出去。后来，他所在的公司成为著名的珠宝首饰公司。

故事 4：又是一个大学没毕业就休学出来搞事情的小伙子，非常喜欢研究"数字黄金"，悟出了一些自己的想法并且实现了——让程序代码在"数字黄金"的去中心化网络上跑起来。他成功地增强了"数字黄金"的扩展性，让可信的账簿升级成了可信代码，造就了公认的区块链 2.0 代表。22 岁时被 *Fortune*（财富）杂志评选为 2016 年 40 岁以下的 40 位杰出人物之一。

这两个故事的主人公，一个是黄金饰品加工者，一个是以太坊的创始人维塔利克·布特林。

故事 3 中，把金子加工成饰品，卖出比黄金更昂贵的价格，这是因为加工者在金子中注入了艺术。

故事 4 中，维塔利克·布特林将虚拟货币改造成智能合约平台，拓展出更广泛的应用场景，得到了全世界的认可，这是因为这位技术大神的代码也是一种艺术。

智能合约是由计算机系统来执行的，是去中心化的计算机网络系统，任何人不可以篡改合约内容，它是数字化时代的产物。你可以将它看作电子版的合同，通过信息化的方式传播和验证，在没有第三方中介的情况下，由相应系统自动执行约定的内容。在区块链上通过智能合约进行的交易和其他约定都是可以被追溯和不可逆转的。

传统的合同有两个缺点，一个是合约是由人来执行的，人会被七情六欲、三姑六婆影响，有可能违约。另一个是合同双方为了防止对方违约，通常要请可信的第三方参与到合约中来，这就是中介，如需要收取高额佣金的房产中介。

去中心化的系统没有七情六欲也没有三姑六婆，没有后门可以走，也就不用担心合约会由于外界因素干扰而无法执行，中介环节得以省去，自然，中介费和中介时间也都省去了。智能合约还可以用于许许多多行业以节省大量的人力和物力，这就是智能合约的价值。

智能合约是一种艺术，程序员就是艺术家。

艺术，是人类社会中一种智慧的意识形态。艺术可以让没有生命和思想的物品"活起来"。画作是基于纸张的"艺术品"，程序是基于机器的"艺术品"，智能合约本质上也是一种程序，它是基于去中心化网络的特殊"艺术品"。

只要是艺术，就都有很高的价值吗？未必，艺术有优劣，也有应用途径之分。智能合约赋予了去中心化网络应用价值，也造就了骗子生产空气币骗钱的好环境。

也许有人会质疑，有一些弱中心化的项目也打着智能合约的旗号，它们算不算艺术，算不算有价值呢？智能合约的修改需要通过记账节点发布新版本来实现，在弱中心化网络中，记账节点的加入通常只需要得到已有节点的认可，节点数量少且彼此关联较强，智能合约更容易被调整。这就像几块钱一个的饰品，也可以说是廉价艺术品，但买回家没多久可能就生锈了，而金饰品永远光鲜亮丽，更经久耐用。一些为了性能而弱中心化、仅仅保留智能合约的系统项目，就像普通金属很快就会失去光泽一样，难以获得参与者的信任。这时候，人们会发现，还是去中心化更安全。

那么弱中心化就真的完全行不通吗？在特殊场景下，弱中心化的区块链项目也能发挥作用。

以太坊虽然去中心化程度很高，但是无法满足所有应用的需求。如果项目对中心化程度要求不高，成员间彼此信任，那么弱中心化的联盟链可能是更为合适的解决方案。

或许，未来的以太坊在保证安全的前提下可以成功解决性能问题。再或许，未来的区块链基础设施完善后，"数字黄金+智能合约+高性能"才是一个必然的趋势。

2.7 比特币挖矿，精妙规则下的马太效应

人们经常把比特币说成"数字黄金"，因为比特币的总量和黄金一样有限，而且价格不菲。黄金是从金矿里挖出来的，比特币是从数字里面"挖"出来的。

我们平时所说"挖矿"，指开采如黄金、煤炭等天然矿产的过程，"矿工"自然指挖矿的工人。

相应的，比特币世界里的"矿"当然指的是比特币，那怎么"挖"呢？

这就要从比特币的发行和流通逻辑说起了。为了保证比特币能在没有发行主体的情况下顺利发行，比特币的创始人中本聪为比特币的发行设立了奖励机制。这个奖励机制是这样的：比特币网络每 10 分钟会发行一批新币，新币的发行记录会和 10 分钟内的交易一起发布。所有人都可以参与竞争发布权，先解答出系统自动发布的数学难题的人赢得发布权，并获得这批新发的比特币。发布的数学题的答案是符合一定要求的数字，由于没有任何规律，矿工们只能检验随机产生的数字是否符合题目的要求，第一个符合题目要求的数字被找到后，此题作废，系统立即开始出第二道题。如果找到答案的速度过快或过慢，系统还会自动调整难度，将答题时间控制在 10 分钟左右。

寻找正确数字的过程就像"挖矿"，而得到比特币奖励就像挖矿挖到了黄金。因此，人们将寻找正确数字的过程称为挖矿，将比特币称为"数字黄金"。

最快找到正确的数字的过程，本质上是在比拼用来计算的算力大小和电费成本，算力越大，越有可能最快答对，反之就可能沦为陪跑，白白付出算力和电费成本而得不到任何奖励。随着比特币的接受度和价值的增加，参与比特币挖矿的总算力持续快速增长，计算设备也不断升级换代，参与的门槛在不断提高。

成功挖到矿的奖励是诱人的，2021 年，负责记账的节点每次会得到 6.25 个比特币的出块奖励（2021 年 2 月的价格大约是 224 万 RMB）。

不过，这个奖励每四年左右会减半，2024 年会减半至 3.125 个比特币，按这个速度，2140 年左右比特币会挖完，从那以后不会再有新的比特币产出，就算币价再高，出块奖励也是零。那到时，矿工就只能集体转行了吗？

中本聪显然考虑到了这点。事实上，现阶段矿工的收入由两部分组成：出块奖励+交易手续费。2021 年，交易手续费约为矿工收入的 20%，虽然仍有相当差距，但占比有着明显的提升趋势。

那交易手续费是什么呢？简单来说，就是维护比特币账本的成本。

随着交易量的增加，矿工的工作中涉及的计算也越来越多，为了完成这些工作，并且吸引更多的矿工加入，以保证比特币网络的强大和安全，比特币的每笔交易会产生小额的手续费用以支付给矿工。有人认为，为了提升交易量，交易成本越低越好，但是从实际情况来看，如果交易不需要任何时间和费用成本，就会产生安全风险：黑客可以提交海量的小额转账信息，从而堵塞比特币交易网络，降低网络性能。

2020 年，比特币的交易手续费约为每笔 0.000529 个比特币，远远不够支付矿工的设备采购和用电等费用，更别说盈利了。

如果交易手续费不多，矿工的收入主要依赖出块奖励，那么比特币挖完了怎么办呢？

曾有观点认为，随着出块奖励的减少，低交易手续费的做法是不可持续的。为了保证矿工有动力继续挖矿，要么比特币价格上涨，要么交易手续费增加（涨价），不过后者绝不是个好主意。

更多人则认为，多年以后的挖矿技术会飞速发展，挖矿芯片极有可能足够微型、便宜，可以安装在各种设备中，挖矿会从大规模重资产的行为变成日常普通的事情，每个人都可以参与。

此外，出块奖励下降是一个相对漫长的过程，并不会突然归零，在这期间，矿工有足够的时间与时俱进，探寻更多样化的收入模式。

也许有人对比特币挖矿的电力消耗之大印象深刻，根据都柏林圣三一大学教授

Brian Lucey 的说法，每年比特币网络中所有矿机所消耗的电量，接近一个中等规模的欧洲国家一年的耗电量。在提倡节能减排的当下，如此耗能的产业自然有很多争议。不过，比特币的挖矿模式和其运行机制有关，挖矿所消耗的电能本质上相当于金融中介的信用成本，包括生产、流通、保管、安全认证等。试想现实生活中的银行，它们保障着我们的财产安全和金融流通，当然也需要不菲的代价。

交易产生价值，无论是从实际利益还是从生态建设来看，交易规模都极为重要。正如中本聪所说："未来二十年，比特币要么交易量惊人，要么没有交易量。"现在，每区块 2000 多笔的交易量还需要通过技术、市场的发展实现进一步提升。

2.8 地址、密码、私钥、助记词和 Keystore

区块链钱包的使用会越来越频繁，在使用钱包时，必须深刻理解地址、密码、私钥、助记词、Keystore 这几个名词。

拿我们熟悉的银行账户做比方吧，这 5 个词和银行账户的对应关系是这样的：

- 地址=银行卡号

- 密码=银行卡密码

- 私钥=银行卡号+银行卡密码

- 助记词=银行卡号+银行卡密码

- Keystore+密码=银行卡号+银行卡密码

- Keystore ≠ 银行卡号

2.8.1 地址=银行卡号

1. 生成

创建钱包后会生成一个以 0x 开头的 42 位字符串，这个字符串就是钱包地址，一个钱包对应一个钱包地址，地址唯一且不能修改，也就是说一个钱包中所有代币的转账/收款地址都一样的。例如，在一个钱包中，以太坊 ETH 的转账/收款地址和 EOS 的转账/收款地址一样。这一点和交易平台不一样，交易平台上不同代币的转账收款地址一般都不同，因此，转币到交易平台前一定要确认好地址。

2．用途

钱包地址可以用于接收别人的转币，也可以作为转币的凭证。

2.8.2 密码=银行卡密码

1．设定

在创建钱包时，需要设定一个密码，这个密码不能少于 8 个字符，为了安全，密码最好设置得复杂一点。密码可以进行修改或重置，修改密码有两种方法，一是直接修改，这需要输入原密码。二是导入助记词或私钥，同时设置新密码，适用于忘记密码的情况。

2．用途

密码的用途有两个，一是用于支付，二是用于将 Keystore 导入钱包时登录。

3．特征

在现实世界中，一个银行卡只对应一个密码，修改密码后，修改前的密码就失去作用。但是在 imToken 钱包中就不一样了，一个钱包在不同手机上可以用不同的密码，彼此相互独立，互不影响。例如，某人在 A 手机钱包中设置了一个密码，在 B 手机导入这个钱包并设置一个新密码，并不影响 A 手机钱包中密码的使用。

2.8.3 私钥=银行卡号+银行卡密码

1．导出

创建钱包后，输入密码可以导出私钥，这个私钥属于明文私钥，由 64 位字符串组成，一个钱包只有一个私钥且不能修改。

2．用途

在导入钱包时，输入私钥并设置一个密码（不用输入原密码），就能进入钱包并拥有这个钱包的掌控权，可以把钱包中的代币转移走。

2.8.4 助记词=银行卡号+银行卡密码

助记词=私钥

1．备份

创建钱包后，会出现一个备份助记词功能，选择备份助记词，输入密码，会出现 12 个单词，每个单词之间有一个空格，这就是助记词，一个钱包只有一个助记词且不能修改。

2．用途

助记词是私钥的另一种表现形式，具有和私钥同样的功能，在导入钱包时，输入助记词并设置一个密码（不用输入原密码），就能进入钱包并拥有这个钱包的掌控权，可以把钱包中的代币转移走。

3．特征

助记词只能备份一次，备份后，在钱包中再也不会显示，因此在备份时一定要抄写下来。

2.8.5 Keystore+密码=银行卡号+银行卡密码

Keystore ≠ 银行卡号

Keystore=加密私钥

Keystore+密码=私钥

1．备份

钱包里有一个备份 Keystore 功能，选择备份 Keystore，输入密码，会出现一大段字符，这就是 Keystore。

2．用途

在导入钱包时，选择官方钱包，输入 Keystore 和密码，就能进入钱包了。需要说明的是，这个密码是本手机原来设置的本钱包密码，这一点和用私钥或助记词导入钱包不一样，用私钥或助记词导入钱包不需要知道原密码，直接重置密码。

3．特征

Keystore 属于加密私钥，和钱包密码有很大关联，钱包密码修改后，Keystore 相应变化，在用 Keystore 导入钱包时，需要输入密码，这个密码是备份 Keystore 时的钱包密码，与后来密码的修改无关。

2.8.6 加密钱包备忘大全

1．忘记

如果你把钱包信息忘了，那么有以下几种找回方法。

（1）地址忘了，可以用私钥、助记词、Keystore+密码，导入钱包找回。

（2）密码忘了，可以用私钥、助记词，导入钱包重置密码。

（3）密码忘了，私钥、助记词又没有备份，就无法重置密码，就不能对代币进行转账，等于失去了对钱包的控制权。

（4）密码忘了，Keystore 就失去了作用。

（5）私钥忘了，只要你的钱包没有删除，并且密码没忘，就可以导出私钥。

（6）私钥忘了，还可以用助记词、Keystore+密码，导入钱包找回。

（7）助记词忘了，可以通过私钥、Keystore+密码，导入钱包重新备份助记词。

（8）Keystore 忘了，只要你的钱包没有删除，密码没忘，就可以重新备份 Keystore。

（9）Keystore 忘了，可以通过私钥、助记词，导入钱包重新备份 Keystore。

可以看出，只要私钥、助记词、Keystore+密码中有一个信息在，钱包就在。因此，备份好私钥、助记词、Keystore+密码最关键。

2. 泄露

自己备份好钱包信息很重要，防止钱包信息泄露也很重要。若把钱包信息泄露出去了，会有什么后果呢？

（1）地址泄露了，没有关系。

（2）密码泄露了，没有关系。

（3）地址+密码泄露了，只要手机不丢，也没有关系。

（4）Keystore 泄露了，密码没有泄露，没有关系。

（5）Keystore+密码泄露了，别人就能进入钱包，把币转走。

（6）私钥泄露了，别人就能进入钱包，把币转走。

（7）助记词泄露了，别人就能进入钱包，把币转走。

可以看出，只要私钥、助记词、Keystore+密码中有一个信息泄露出去，别人就拥有了你钱包的控制权，你钱包中的币就会被别人转移走。因此，私钥、助记词、Keystore+密码绝不能泄露出去，一旦发现有泄露的可能，就要立刻把里面的币转移走。

3. 备份

既然私钥、助记词、Keystore+密码如此重要，那么如何保存呢？最安全的方法就是——抄在纸上。

由于 Keystore 内容较多，手抄不方便，保存在电脑上也不安全，因此可以不对 Keystore 进行备份，只手抄私钥、助记词就足够了，手抄备份要注意以下几点。

（1）多抄几份，分别放在不同的安全区域，并告诉家人。

（2）对手抄内容进行验证，导入钱包看能不能成功，防止抄写错误。

（3）备份信息不要在联网设备上进行传播，包括邮箱、QQ、微信等。

（4）教会家人操作钱包。

2.9 Sharding——给拥堵的以太坊做个"切片手术"

试想，你去银行取钱，却被告知因为现在交易量太大，银行来不及处理，你要先交一笔额外的手续费，然后排在十余万人后面等待通知，你会是什么感受？2021 年 2 月 19 日的以太坊就如同这家银行……

2021 年 2 月 19 日，以太坊拥堵导致手续费激增及大量转账待处理，全球交易量最大的某区块链交易平台通过 Tweeter 发布通知：因以太坊拥堵，平台暂停取现。尽管以太坊拥堵经常发生，交易平台的服务也在 37 分钟后恢复，但通知仍引起了一片哗然。

这不是以太坊第一次堵成这样，2017 年风靡全球的区块链"电子猫"（Cryptokitties），也因参与者众多，一度直接让以太坊网络瘫痪。其实，不仅以太坊，比特币也是一样，交易量一激增，转账速度就变慢，这样的性能根本无法满足商业使用要求。

作为应对，比特币社区进行了"隔离见证"功能的升级，对此功能的争议导致比特币在 2017 年 8 月进行了"硬分叉"[①]，BCH（比特币现金）由此诞生。以太坊社区也尝试通过扩容的方法来解决这个问题，例如雷电网络（侧链）、Plasma，不过最被寄予厚望的，还是"分片"（Sharding）技术。

---

① 区块链术语，通常指节点各方对区块链协议调整存在重大分歧，导致原有区块链一分为二，新增的区块链将执行新的规则。

是不是有点懵圈啦，"分片"听起来有点像把以太坊给切片了，有点奇怪呀。少安毋躁，在聊"分片"之前，先得给大家普及一些知识点。

首先，大家要明白什么是"节点"？

其实很简单，想象一个盒子，你放进"输入数据"，在这个盒子内部进行一系列的操作，得到"输出数据"，这个神奇的盒子就是我们常说的"节点"。网络就是由无数个这样的节点连接到一起组成的。其中，连接节点的规则被称为"参数"。

设想现在你的电视机和服务器连接，但是同时你也想玩 PS5 和 XBOX，所以一台电视就和三个设备连接。这时候，服务器、PS5 和 XBOX 就是三个节点，它们和电视组合在一起成为网络。

聪明的小伙伴有没有发现一个问题呢？在这种网络下，你是没办法同时看电视、玩PS5 和 XBOX 的。所以这时候，就需要添加一个切换频道的"参数"，例如你按"0"，电视就会和服务器连接，按"1"，电视就会和 PS5 连接，如果你按下"2"，那么电视就和 XBOX 连接。添加相应的"参数"，就会让你的节点连接变得不同。

进一步延伸到我们现在所用的中心化 P2P 网络，如图 2-1 所示，网络中包含中心化的服务器。想获得信息的个人可以通过设备向中心化服务器发送请求，从而得到答案，就像我们在网站上进行搜索一样。

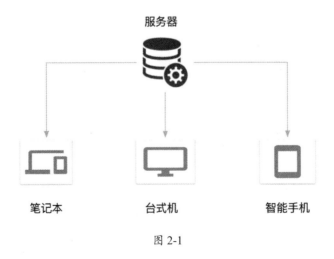

图 2-1

在这种中心化的网络中，最大的问题就是任何信息都依赖于中心化的服务器，也就是说服务器无时无刻都得处于工作状态。并且，由于整个网络是中心化的，安全也是非常重要的问题。服务器中存储着很多非常敏感和重要的用户信息，一旦被黑客入侵，将造成不可估量的后果。

为了解决这些问题，一种不同的网络架构出现了，这就是去中心化 P2P 网络，如图 2-2 所示。

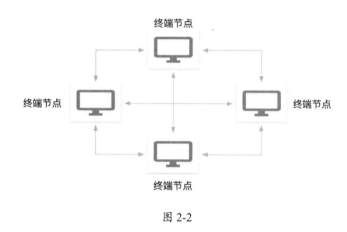

图 2-2

去中心化 P2P 网络和支付的结合，造就了我们的数字货币世界。当然，以太坊也是其中一员。但是在没有中心化系统的情况下，大家怎么才能知道发生了某笔转账呢？假设小明给小红转 3 个以太币，距离小明最近的节点会知道这个事情，这些节点再通知距离自己最近的节点，之后不断地传递出去，直到每个节点都知道这个事情。

在以太坊中，每个节点都可以被认为是一台电脑，我们常说的"矿工"背后其实就是进行验证的节点。并且，每个节点都会进行各自的计算，当这些节点达成共识的时候，转账完成。按照这个想法，整个以太坊网络应该很完美地运行。然而，由于以太坊太火爆了，使用的人也越来越多，网络中的转账时间逐渐增长，费用更是水涨船高。以太坊交易量走势如图 2-3 所示。

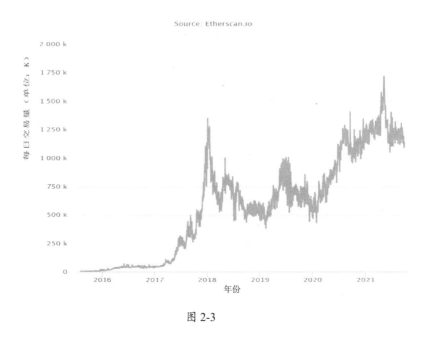

图 2-3

使用人数增加对于以太坊社区来说是件好事，然而，达成共识所需要的计算量在呈指数级增长，以太坊网络的节点数也在不断增加。

也许有人会认为，节点增加了，转账速度不应该更快了吗？那就想得太简单了，**以太坊网络中的共识是通过线性的方式形成的**。换句话说，只有前一个节点完成了计算和验证，后一个节点才能接着做，如果多出了新的节点，共识系统中就需要花费更多的时间进行计算和验证。所以，以太坊越火，转账速度就会越慢。现在以太坊每秒约 20 笔左右的转账速度和 Paypal 每秒 5001 笔、Visa 每秒 440002 笔的转账速度比起来，简直不值一提。

以太坊的梦想是做一个可以承载去中心化应用的平台，所以，扩容迫不及待。分片技术就是实现扩容非常重要的一种方法，那么它到底是什么呢？

假设现在有三个节点——A、B 和 C，他们需要验证数据 T。在传统的以太坊网络模式中，每个节点都需要分别计算和验证整个数据 T。如果使用分片技术，那么整个数据 T 会被分成 3 个片区——T1、T2 和 T3。这样，节点 A、B、C 只需要并行验证数据 T1、T2、T3，是不是节省了大量的时间呢？

我们把这个例子放到整体的数据库中，其实就是把数据库中的 1、2 子列和 3、4 子列分开放到两个数据库中。

再把这个例子应用到区块链中，根据我们之前所说，以太坊网络中所有的节点都需要对每个转账进行计算和验证，这也是导致整个过程很慢和拥堵的原因。如果引入分片技术，我们就可以将以太坊网络的状态根部（global root）分成很多的分片（shard）状态根部，每个分片都会有自己的状态，如图 2-4 所示。

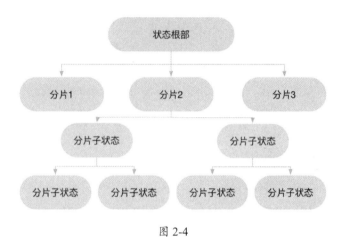

图 2-4

以太坊的每个账号都在一个分片中，只有在相同分片中的账号才能互相交易。试想，以太坊像被分割成了几千个小岛，每个岛都可以做自己的事情，岛上的居民可以互相交流并且转账。但是如果他们想和其他岛上的人联系，则需要使用某种协议。

在正常情况下，整个区块链网络只有一个交互层，但是以太坊想改变这个惯例，使用两层交互。第一层，或者称为底层的每个分片都有特定的转账信息。

在第一层中，每笔转账都会有唯一的身份信息（ID），并且会显示属于这个分片 ID 的转账群（transaction group）。那么在第一层之上的第二层，又是什么样的结构呢？

在第二层中，包含两个基本信息，一个是状态根部（state root）信息，另一个是转账群体的根部（txgroup root）信息。状态根部信息代表整个区块链的状态，根据之前所说，这个状态被分成了很多的分片状态（shard state）。转账群的根部信息包含了这个区块中所有的转账群体信息。

综上所述，分片技术的目的是实现多个计算同步进行，提高整体的性能。所以如果以太坊允许随意进行跨片沟通，那么分片的意义就不大了。

还记得我们之前所说的"孤岛"理论吗？以太坊不同分片之间想要互相交流，需要通过某种协议，这就是"收据"协议。

每个分片都有自己独特的转账收据。而这些收据都会存储在分布式的分片储存中，这些收据可以被其他分片看到，却不能被更改。

例如，片区 M 将转账收据发到片区 N 作为转账证明，在片区 N 收到这个收据之后，就会发送回复证明到片区 M 作为转账记录，为以后的操作做好准备。

如此看来，分片技术真的是以太坊扩容的救星了，那么我们是不是可以高枕无忧了呢？不完全是，在分片技术的实施过程中，还有很多问题。

例如，我们需要建立某种机制，要能明确地知道哪个节点在验证哪个片区，而且这个机制需要非常有效地保证同步性和安全性。在运行分片之前，需要实施 PoS 共识算法，而以太坊目前还处在 PoW 的过程中，对于不同片区的节点，需要适合的共识机制。

不管怎么说，以太坊社区已经逐渐明白，要想更好地发展，扩容刻不容缓。分片技术对以太坊的扩容作用是举足轻重的，知名项目 Zilliqa 已经很好地应用了分片技术，大幅地提高了以太坊网络的速度。期待更多的优质项目可以通过分片技术来为以太坊做出贡献。

2.10 什么是公有链、联盟链和私有链

区块链可以分成公有链、联盟链和私有链三类，它们的本质区别是准入机制不同，换句话说，区块链账本的公开程度决定了它是公有链、联盟链还是私有链。下面，我们来聊聊这三种类型的区块链。

2.10.1 公有链

公有链（Public Blockchain）是任何人都能参与的区块链。公有链是去中心化程度最高的区块链，不受机构控制，整个账本对所有人公开透明。任何人都能在公有链上查询交易、发送交易、参与记账。加入公有链不需要任何人授权，人们可以自由加入或者离开，所以公有链又被称为非许可链。

人人都能参与记账的公有链是在陌生的、缺乏信任的竞争环境中记账的，所以公有链需要一套共识机制来选出记账节点，也就是我们平常说的通过"挖矿"竞争记账权。因为需要挖矿，所以公有链记账有延时高、成本高、效率低的特点。

我们接触到的大多数区块链项目都是公有链项目，知名的公有链项目有比特币、以太坊等。

2.10.2 私有链

与公有链账本对所有人公开透明和人人可记账的情况不同，私有链（Private Blockchain）的记账权限在一个人或者一个机构手里，读取权限可以对外开放也可以进行任意程度的限制。

例如对于一家公司的财务预算，参与记账的人可能只有财务部门的领导和公司的老板，读取权限可以根据公司需要，选择只让公司决策层或者全员知道。

由于参与记账的节点少，而且没有"挖矿"竞争这一过程，所以私有链有记账速度快、没有记账成本、隐私性高等优点。私有链中的节点都是内部的，记账环境可信，区块链技术能够防止机构内单节点篡改数据，即便发生错误，也能快速发现。

私有链适用于公司或者组织内部，很多大型的金融机构倾向于使用私有链。例如国内的微众银行，在内部的数据管理上采用的就是私有链技术。

2.10.3 联盟链

联盟链（Consortium Blockchain）的账本公开程度介于公有链和私有链之间。联盟链是由多个机构共同管理、维护的区块链，参与区块链的节点是事先选定的。联盟链只对联盟内部成员开放全部或部分功能，链上信息的读取、写入及记账规则都按照联盟共识来设定。

例如，有 100 所大学建立了某个区块链，共识规定，必须有超过 67 所大学同意才算达成共识。和私有链一样，节点的加入需要得到许可，所以联盟链和私有链都被称为许可链。

由于联盟链的节点之间有很好的连接和可信的网络环境，所以联盟链有记账效率高、共识时间短、记账成本低还能兼顾隐私的特点。

联盟链主要适用于行业协会、大型连锁企业对下属单位和分管机构的交易和监管。百度、阿里巴巴、腾讯、华为等公司也一直在建设相关的联盟链平台。

2.11 链上治理不仅仅是少数服从多数

在区块链系统中，理性假设依赖激励机制的设计，激励机制的设计又牵涉权限角色构成的生态，而这个生态的设计其实就是一个小型的制度设计（选自《通证经济》）。

一个时代，难得有一个令人眼前一亮的东西。互联网之后，也许便是区块链吧。

区块链不仅仅是一项涵盖计算机科学和密码学的技术，它同时包含了经济学、社会学、政治学等诸多知识。这或许就是区块链的最大魅力，以及被很多人称为"颠覆性的人类生产关系革命"的重要原因。

技术当然很重要，区块链当前也正处于技术迭代的重要关口，TPS、共识机制、链下扩容、匿名技术蜂拥而至。然而，若要深刻地理解区块链，就不能将眼光仅仅局限于技术层面。系统、人性、组织、治理等方面，都在潜移默化地影响着区块链改造世界的方式。

所以，今天我们把眼光聚焦于治理，尤其是链上治理这点，看看当前区块链的链上治理，都有哪些值得思考的东西。

2.11.1 链上治理与链下治理

早期的区块链，都是以链下治理为主，例如比特币、以太坊。

这种链下治理的方式，通常是开发者与最早的一群活跃分子（以极客为主）形成小组或是社区，共同进行项目开发、管理等。由于早期的区块链以 PoW 为主，所以矿工也是其中不可或缺的一部分。

这种治理方式有一对天生的矛盾，一方面，笃信 "Code is law"（代码即法律）；另一方面，当发生利益冲突或意见不合，且链上无法协调时，只能进行硬分叉。如 The DAO 事件①诞生出 ETH 与 ETC，比特币长达一年半的扩容争论最终诞生 BCH。

随着区块链的发展，大如区块链升级，小如一次提案，通常都需要区块链社区达成一致。让用户直接对要做出的决策进行投票，然后根据结果自动执行，这一定程度上（至少是在执行层面）实现了 "Code is law"。

2.11.2 "一人一票"与"一币一票"

"一人一票"，看起来是一种理想的选择模式，现阶段西方国家的大选，也正是在用"一人一票"这种模式。在"一人一票"的模式下，每个人无论贫富贵贱，在投票上都拥有相同的权利，实现了平等最大化。

然而，区块链的世界，和现实世界不同：在这个世界里，如何证明你是你？他是他？

当前，区块链的一个基础属性就是"匿名"。至少在去中心化的全球身份识别系统建立起来之前，识别一个"人"的唯一方式，就是通过他的私钥。

在类似以太坊这样的公链上，创建一个新的密钥几乎是零成本、零时间、零风险的

---

① 2016 年 6 月，"The DAO"团队在以太坊上通过智能合约众筹时遇到攻击，黑客转移了 360 万个以太币。为撤回黑客的转账，以太网进行了硬分叉，并分裂出了 ETC。

事情。于是，女巫攻击（Sybil Attack）①成为一个不可避免的问题。

2018 年 6 月，某交易平台发布了"创业板的新币发布规则公示"，由于投票规则本质上为一账户一票，导致希望参与的项目方及支持者们在交易平台疯狂开设账户并充值，以太网络因此陷入了彻底的堵塞和瘫痪。

"一人一票"看起来好像不太好，那么"一币一票"呢？

在区块链的世界里，"一币一票"是个在逻辑上更说得通的模式。

因为账号可以无限建，币却不能随便买。毕竟每个币都需要用真金白银来换，而且币的总量也是有限的。

然而，这个看起来逻辑上没什么毛病的模式，带来的问题却一点儿也不比链下治理少。

控制权之争与币数之争

以美国为代表的西方发达国家，经常被人诟病的一点就是：大公司或大财团与政府在财务和政策上有着比普通公民更紧密的利害关系，相对于普通民众，他们往往会对政府决策甚至立法产生更大的影响。在美国，这类群体被称为"游说集团"。

"一币一票"的模式，比此类"游说集团"更为直接，即将"控制权之争"变成了彻彻底底的"币数之争"。犹如"强者愈强而弱者愈弱"的马太效应一般，富豪、大户在其中的影响力和控制力，也将变得空前强大。

链上治理之"二次方投票"

在 2018 年于上海举办的第四届区块链全球峰会上，V 神提出，关于链上治理，"二次方投票"会是一个不错的方案。

二次方投票（Quadratic Voting，QV）指投票者的成本是他们要购买的票数的平

---

① 攻击者利用单个节点伪造多个身份存在于 P2P 网络中，从而达到削弱网络冗余性、降低网络健壮性、监视或干扰网络正常活动等目的

方。即 1 票要花费 1 美元，3 票要花费 9 美元，8 票要花费 64 美元，以此类推。

在一般情况下，投票者会花费更多的成本在自己关心的问题上，从而影响涉及该问题的相关决策。但是在二次方投票的前提下，若某个投票者在 16 个问题上各贡献一票，那么只需 16 美元；但是对于同一个问题，16 美元只能贡献 4 票。

换句话说，二次方投票提高了投票者个人意志影响决策的成本，确保了最终决策的公平公正，保障投票结果是大多数民众的共同意志，从而避免了"一币一票"在这方面的短板。

2.12 稳定币，虚拟货币的"圣杯"

好的货币应该具备这些优点：价格稳定、可扩展、隐私性好、去中心化。

——福布斯

许多人都已清楚地看到，区块链技术将进入主流市场，区块链资产和加密货币可能颠覆很多行业，但仍有一些因素阻碍了主流市场对其的采用，例如：

1. 波动性：高度投机的市场和极端的价格变化。

2. 监管：包括灰色地带和尚未说明的政府立场的不确定性，这使企业难以建立合法和可信的解决方案。

3. 可扩展性：区块链"全球范围内的数据快速流动"能力未能得到确认，尚不具备与中心化解决方案竞争的条件。

4. 用户体验：拥有和使用加密货币对大多数人来说是困难的，使用区块链服务也是有挑战性的。

其中，解决波动性上的问题是最难的，那么采取什么办法能解决这些问题呢？

2.12.1 为什么会产生稳定币

由于加密货币的波动性较大，所以由它们充当交换媒介和价值尺度不太理想。事实上，如果数字货币的价值经常大涨大跌，那么任何商家都无法接受数字货币，因为人们对它可能值多少钱或将值多少钱没有共识。

只有在降低波动性的情况下，才可能有更多的人接受加密资产。而产生波动性的原因有很多，如不断改变的公众看法、新兴市场、静态货币政策和不受监管的市场等。为了解决波动性的难题，稳定币应运而生。

稳定币是针对一个目标价格维持稳定价值的加密资产，在去中心化的应用中，用于需要进行价值转移且价值波动小的场景。例如，汇款、支付工资或其他经常性款项、贷款和预测市场、贸易与财富管理，通过与法币的换算系数来表现波动等。

换句话说，任何想从区块链技术中受益又不想失去由法定货币带来的安全感的人都需要稳定币。

2.12.2 稳定币有哪些类型

稳定币可以分为三种主要类型：以法币作为抵押的稳定币、以加密货币作为抵押的稳定币、无抵押的稳定币。

1. 以法币作为抵押的稳定币。最典型的案例便是泰达有限公司（Tether）发行的USDT，中文名称为泰达币。每一个发行流通的 USDT 都与美元一比一挂钩，相对应的美元存储在泰达有限公司，在以美元为计量单位时，抵押品的价值不存在任何波动风险。这种稳定币的局限性在于中心化、不透明、无存储资金或者赎回通证的担保和抵押品成本。

市场对 USDT 的透明度和缺乏监管的质疑声从未停止：例如，美元储备是否足额、是否发行空气货币造成泡沫等。面对质疑，泰达有限公司始终声称自己拥有足额的准备金，但至今也没有公开自己的准备金账户审计数据。

2. 以加密货币作为抵押的稳定币。在这个模式中，稳定币的抵押品是去中心化的加密资产。这种方法允许用户通过锁定超过稳定币总额的抵押品来创建稳定币。

稳定币的抵押品通常是不稳定的加密资产，如 ETH，如果这项资产的价值下降太快，那么稳定币就没有足够的抵押品。因此，使用该模式的大多数项目都要求稳定币有超额的抵押品，以防止价格剧烈波动。它的缺陷在于抵押物对黑天鹅事件几乎没有抵抗力，需要超额的抵押品。

3. 无抵押算法稳定币：主要通过算法实现中央银行铸币功能，并模拟通货膨胀和通货紧张弹性供应货币，从而保证价格的稳定性。

无抵押的稳定币通常涉及担保仓位、算法规则和复杂的稳定机制。它通过算法提高或降低价格来稳定货币的供应，就像央行对法币所做的那样。一些稳定币的通证完成了初始分配后，与美元等资产直接挂钩，随着对市场稳定币需求的增加或减少，币量供应会自动发生变化。它的局限性在于其稳定性通常是由中心化机制维护的，货币政策仍很复杂，激励措施可能不足。

稳定币被称作加密货币的"圣杯"，它能大幅降低进入加密市场的门槛，许多项目都在尝试发行或开发稳定币，成效还有待验证。同样是为了抵御波动，传统金融通过保险和衍生品积累了丰富的经验，这为加密市场提供了参考，例如，加密货币的期权、期货等衍生品，就很可能成为那些将稳定币作为波动性对冲的解决方案的最大竞争对手。

2.13 DeFi 是什么

去中心化金融（Decentralized Finance，DeFi）总市值一年增长近 100 倍，它是未来金融的演进方向吗？

2020 年 5 月比特币出块奖励减半后，DeFi 成为整个加密行业的焦点之一。据 CoinGecko 的统计，至 2021 年 9 月，DeFi 项目的总市值超 1000 亿美元，而在一年之前，其总市值还不足 10 亿美元。此外，DeFi 项目上的锁仓资金也呈现爆发式的增长，2021 年 9 月达到了 800 亿美元。

再看 DeFi 的用户增长数。根据 Dune Analytics 统计，至 2021 年 9 月，DeFi 的用户总数接近 340 余万，而在 2018 年年初，这个数据还不到 100 万。

无论是总市值、锁仓的资金规模，还是 Token 价格，DeFi 项目都呈现井喷式的发展，可以说，DeFi 已经成为区块链行业和传统金融中都不容小觑的力量。巴菲特曾说，要视市场变动为朋友，那对 DeFi 这个新朋友，你是否足够了解了呢？

2.13.1　DeFi、CeFi 与 FiTech

在深入探讨 DeFi 之前，我们有必要先了解一下什么是 DeFi，以及它的主要优缺点。

DeFi 是相对于 CeFi（Centralized Finance，中心化金融）而言的，虽然 CeFi 这个词最近几年才被创造出来，但它绝对不是什么新鲜事物，现有的传统金融体系都可以称为 CeFi，例如传统的银行、证券交易所、各种金融机构等。

DeFi 也被称为 Open Finance（开放式金融），它利用区块链技术和智能合约技术，用去中心化的协议取代传统的基于人或第三方机构的信任，来构建透明、开放的金融体系。

可以简单理解为 CeFi 需要信任中介（人或者机构），DeFi 需要信任协议（代码）。

CeFi 经过了上百年的发展，产品成熟、用户体验好，缺点是比较封闭，且需要许可才能使用。例如，非洲的很多欠发达地区，还有很多人无法享受银行等金融机构提供的服务。

前几年被传统媒体大肆报道的 FinTech（金融科技）主要通过机器学习（Machine Learning）和人工智能（Artificial Intelligence）技术进行预测和判断。

FinTech 的核心是信用。金融科技公司根据用户的历史消费记录，利用机器学习和人工智能技术进行大数据分析，计算出不同用户的信用水平，然后根据信用水平不同推出不同的金融服务，例如贷款服务。举个例子，FinTech 领域的巨头蚂蚁金服，就是通过对支付宝每天产生的交易数据进行计算分析，从而针对不同信用等级的人推出不同额度的花呗服务。

和 FinTech 不同，DeFi 的背后是分布式账本和区块链技术。因为是去中心化的，所以 DeFi 没有信用体系。FinTech 会根据历史数据给用户评估一个信用等级，DeFi 主要存在于去中心化的区块链上，绝大部分 DeFi 产品没有做身份上链，使用者基本都是匿名或是半匿名状态。DeFi 的愿景是一切资产都可以 Token 化，自由地在全球开放的市场上交易。

2.13.2 Maker DAO

下面通过以太坊网络上知名度较高的 DeFi 项目——Maker DAO，帮助大家更深层次地理解 DeFi 的运作。

我们可以把 Maker DAO 简单理解成一家去中心化的银行，它可以发行自己的稳定币——DAI，DAI 与美元 1 : 1 锚定。

传统金融服务中最重要的业务之一就是放贷。假设加密货币投资者张三全款买房后，遇到了真爱打算结婚，却没有钱办婚礼，打算去银行贷款。银行会调查张三的信用记录，并用张三的资产（例如房子）作为抵押，然后贷款给他。

在去中心化的"银行"Maker DAO 里，该如何实现呢？其实很简单，Maker DAO 不需要查张三的信用记录，甚至也根本不知道他是张三（区块链的匿名性）。Maker DAO 会要求张三抵押区块链资产，假设张三有价值 15 万美元的 ETH，全部通过智能合约抵押给了 Maker DAO，Maker DAO 会给张三最多 10 万个 DAI（价值 10 万美元），因为 Maker DAO 规定抵押物的价值至少是贷款额的 1.5 倍。张三可以将 DAI 兑换成法定货币（例如美元）在生活中使用。等张三有钱了，可以在市场上买入 DAI，还给 Maker DAO 并支付利息，赎回抵押的 ETH 资产。

对于所抵押的资产，如果行情上涨，那么在 ETH 保值增值的同时，保证了张三的资金流动性。而如果行情下跌，那么张三原先价值 15 万美元的 ETH 也缩水了，已经低于贷款额的 1.5 倍，Maker DAO 就会强制卖出张三的 ETH 用来偿还他的贷款，保证自已不会破产。

2.13.3 DeFi 的发展现状和代表项目

DeFi 诞生于可编程的以太坊区块链出现之后，至 2021 年，DeFi 产品有 364 款之多，从分布上看，现阶段大部分 DeFi 项目集中在以太坊区块链上，其次才是 EOS、TRON 等公链。

从产品形态上看，现阶段的 DeFi 包括去中心化钱包、KYC 和身份认证、去中心化交易平台、去中心化借贷、Staking、稳定币及其他基础设施，整个生态在不断完善，如图 2-5 所示。

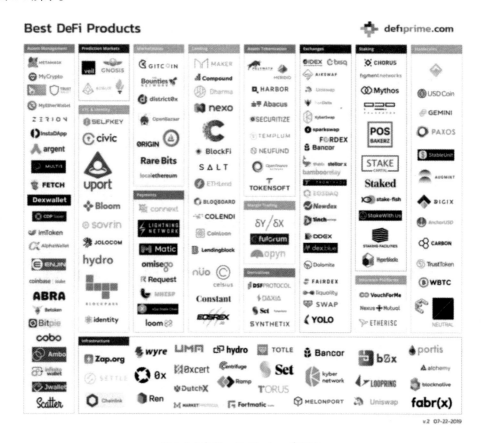

图 2-5（来源：DeFiprime 官网）

下面，我们介绍几个具有代表性的 DeFi 产品。

1. DeFi 黑马——Compound

Compound 是以太坊上的去中心化借贷平台，凭借着"借贷即挖矿"的 Token 分发原则，在短短几周内吸引了大量的投资者用它进行抵押和借贷。

2021 年 9 月，Compound 的用户规模突破了 30 万，可供借贷的加密资产总额已经超过 180 亿美元，出借的加密资产将近 82 亿美元，在去中心化借贷平台中借款总额最高。Compound 上抵押和出借的加密资产前三名分别是 ETH、USDC 和 DAI，后两者都是和美元 1∶1 锚定的稳定币。DeFi 项目的借款总额构成如图 2-6 所示。

可借贷总额		已借贷总额	
$17923369903.90 +0.03%		**$8159966915.55** +0.30%	
Top 3 Markets		Top 3 Markets	
ETH	30.00%	USDC	44.89%
USDC	25.39%	DAI	40.96%
DAI	24.74%	USDT	7.04%
24H Supply Volume	# of Suppliers	24H Borrow Volume	# of Borrowers
$6128659.15	295963	**$24468272.00**	9085

图 2-6（来源：Compond 官网）

2. MakerDAO

MakerDAO 是以太坊区块链上的老牌去中心化借贷平台，其稳定币 DAI 一直被视为中心化稳定币 USDT 最大的竞争对手。

根据其官网的介绍，现阶段已经有超过 400 个 DApp 内嵌了 MakerDAO，锁仓的加密资产总价值超过 86 亿美元，在去中心化借贷平台中排名第二。MakerDAO 支持的抵押资产从之前单一的 ETH 发展到多达 20 余种。

3．Uniswap

Uniswap 是以太坊区块链上的一个去中心化交易平台，主要为 ETH 和 ERC-20 Token 提供流动性服务，也是现阶段用户数量最多的 DeFi 应用。

Dune Analytics 2021 年 9 月 24 日的数据显示，Uniswap 的用户数量多达 136 万，占 DeFi 总用户数量的近 70%；以太坊平台上的去中心化交易平台及交易占比如 2-7 所示，其中 Uniswap 的交易数量占以太坊上 DEX 交易数量的 83%。

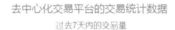

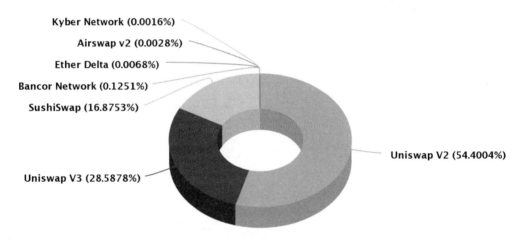

图 2-7（来源 Etherscan.io）

4．Brave 浏览器

Brave 浏览器由 JavaScript 之父 Brendan Eich 创立，主打隐私保护，最大的特色是引入了 Token 经济激励机制。Brave 浏览器的原生 Token 名为 BAT，截至 2021 年 4 月，月活跃用户数已超过 2500 万。

以上仅仅是 DeFi 生态中的冰山一角，除此以外还有很多的 DeFi 应用，例如网页版的小狐狸钱包（MetaMask）、专注预测市场的 Veil、做 Staking 的 StakeWith.US、稳定币 WBTC、基础设施 Bancor、0x 等，受限于文章篇幅，本书不做过多介绍。

2.13.4 DeFi 的影响与未来展望

DeFi 的生态越来越繁荣，涌现了越来越多优秀的项目，这些项目会对我们的生活产生哪些影响呢？

2020 年 7 月 1 日，以太坊创始人 V 神连发了 8 条推文讨论 DeFi。V 神称，很多东西非常令人兴奋，但这是短期的。从长期来看，现实情况是 DeFi 的利率不可能比传统金融的最佳利率高出一个百分点以上。

之前，我们提到传统的中心化金融（CeFi）需要准入许可，将很多人拒之门外，导致这些人无法享受金融机构提供的服务，而 DeFi 正好可以弥补这一缺陷。DeFi 具有去中心化应用的所有优点，没有准入门槛，任何人在任何时间都可以使用链上的 DeFi 应用，完全打破了地域、时间的限制。现在的 DeFi 已经慢慢发展为一个完整的金融生态系统，可以执行多种操作，包括支付、供货、借款、储蓄、交易、投资、收益、管理、对冲和保证金交易等。

DeFi 的优点还有很多，但我们也不能忽略它的缺点，例如用户的使用体验没有传统的中心化金融好，再例如学习门槛高、产品还不够成熟、时常出现安全问题。2020 年，全球共发生 DeFi 攻击事件 30 起，导致的损失高达 2.5 亿美元。

在可预见的未来，DeFi 和 CeFi 会相互借鉴，两者之间的界限会越来越模糊。DeFi 会越来越像 CeFi 一样便捷，CeFi 的某些底层业务也会慢慢接入区块链，利用区块链技术提升其服务的透明性、便捷性。对于用户而言，安全、能满足需求的产品，就是好的产品，用户不会特别在意它是 CeFi 还是 DeFi。

DeFi 是一个极具潜力的发展方向，甚至有可能成为未来世界金融体系的重要组成部分，而 DeFi 和 CeFi 存在竞争关系，但这种关系不是非黑即白的，两者会长期共存，共同支撑起一个更广阔的金融市场。

3

区块链落地：社会将如何变革

3.1 数字身份：守护您的用户信用记录

现在很多信息都发布在互联网上，作为开放空间，互联网很容易遭到黑客攻击，数据安全自然成了大家关注的重点，其中，与现实社会共有并且更为严重的是身份问题。

在现实社会中，凭借身份证、银行账号等证明可以确认你的身份、资产等信息。而在互联网上，仅凭身份证号码、账号密码、生物学信息难以完成这一任务，身份信息泄露、各平台之间的身份信息难以关联、数据归属不明等现象长期存在。

针对这些问题区块链提出了更好的解决之道。

3.1.1 欢迎来到数字平行世界

借助区块链不可篡改、公开透明、便于追踪溯源的技术特点，我们能安全地实现数字身份的跟踪和管理，在数字社会中确认"你就是你"，从而确认、关联和管理你在数字社会中拥有的各种资产和行为。

如果数字身份普及，我们就可以享受区块链技术带来的红利，将身份证用于各种需要证明身份信息的场景，再也不用为证明"我妈是我妈"而烦恼。

拥有 130 多万人口的爱沙尼亚的政府可以说是数字政府的典型代表，超过 90% 的爱沙尼亚人可以通过数字身份享受包括报税等政府服务，并拥有个人数据的管理权限。此外，近年爱沙尼亚启动的"电子居住"计划，允许世界上任何人申请一个"跨国数字身份"，进一步将数字身份扩大到了全世界范围。你只需花半个小时在线填写相关资料，并支付 100 欧元便可成功递交申请。截至 2021 年，已有数万用户申请成功。

数字身份就是数字世界里的你。或许你认为手中的身份证也是数字身份，但现阶段它们显然不是一回事，偶尔你可能要为了证明你是你而大费周折。

当你通过支付宝来租借共享充电宝或汽车时，如果你的芝麻信用分达标，就可以享受免押金政策。这个信用分是基于你在支付宝生态里的消费行为数据得出的，这些数据都存储在支付宝服务器中，你自己可能也未必清楚，而数据的使用也并不需要你知晓或授权。

你一定希望自己的姓名住址、文化程度、在职情况等个人信息，以加密的形式安全地保存在多个节点而非某个机构手中，当别人或机构需要查询你的相关信息时，必须经你授权，并以你认可的形式将信息提供给对方。

微软等机构正在全力推进一项基础设施级的重点工作——去中心化数字身份（Decentralized Identity，DID），这是大型互联网公司公开拥抱中心化技术的代表，为我们展开了利用 DID 技术搭建未来数字身份体系的宏伟蓝图。

微软公司的产品经理 Ankur Patel 表示：我们每个人都需要拥有自己的数字身份系统，来安全私密地存储与我们的数字身份相关的所有信息。这套自有的数字身份必须易于使用，只有用户本人才能完全控制身份数据的存储和使用。

3.1.2 什么是 DID

根据万维网联盟（World Wide Web Consortium， W3C）的定义，DID 是用于可验证的、自我治理的数字化身份体系，DID 独立于任何中心化注册机构、身份提供者或证书颁发机构。

如图 3-1 所示，在实现上，一个标准的 DID 分为三部分。

图 3-1

上面例子中的 did: example:123456789abcdefghi 指通过 example 网络或区块链来提供的身份，example 在 W3C 中主要用于示例。其中，did 是前缀，example 是一个 DID 方法，后面的 123456789abcdefghi 是具体的 DID 身份标识。

什么是 DID 方法？DID 方法定义访问 DID 文档的途径，可以理解成一种 DID 的实现。根据 W3C 注册中心的文档，截至 2019 年，已有 28 种注册完成的 DID 方法，包括知名的 ION、uPort、IPLD 等。DID 方法大多对应一个区块链网络，例如，ION 对应比特币网络。

DID 可以存储这个 ID 的相关数据，其正式的名称叫 DID 文档。

3.1.3 DID 怎么用

谈到 DID，通常离不开可验证声明（Verified Claim）。现阶段，大部分 DID 示例场景都是可验证声明。举个例子，"张三是上市公司员工"就是一个可验证声明。

那可验证声明用在什么场景中呢？举两个例子来说明。

楼宇的门禁系统是一个典型的 DID 应用，公司的访客提前使用自己的 DID 申请授权，公司认可的任一员工使用自己的 DID 接受申请，访客来访时就可以使用自己的 DID 顺利进入办公楼了。

或者，用户去车行租车，车行通常要求用户提供押金，以降低运营风险，但是对于某些信用资质好的用户，例如上市公司或是大型国企的员工，车行可以提供免押金服务。

上述功能在 DID 网络中如何运行呢？ 以租车需要提供的证明为例。

方法 1：用户提供上市公司或大型国企的员工卡，这是最直接的方法，但是用户会暴露一些隐私，如不必要的工作信息。

方法 2：通过 DID 可验证声明来证实，用户提供的 DID 文档中声明了此用户是上市公司或大型国企的员工，车行可以去颁发机构验证，验证结果只会返回"是"或"否"的结果，不会返回用户的具体工作信息，在满足业务需求的同时，保护了用户的隐私。

在上面的例子中，车行需要去声明（Claim）的颁发机构（Issuer）验证结果，颁发机构一般是诚信的第三方，例如 LinkedIn。用户在获取可验证声明时，可能需要向颁发机构提供自己的工卡，颁发机构则可以生成可验证声明供用户使用。

在使用上，微软推出的 DID 和我们现在的用微信或 QQ 账号登录多个应用的情况很像。比如你在线购买商品时希望获得学生优惠，购物网站会提供需要使用 DID 应用扫描的二维码，或者点击跳转到 DID 应用的链接，DID 应用会提示你是否同意授权，并返回"你是否为在读大学生"的结果，网站据此同意或驳回你的优惠资格。

微软宣称：每天有数百万用户用微软认证器（Microsoft Authenticator App）进行身份验证，微软计划在应用中支持去中心化身份并进行测试，在用户同意的情况下，通过这一应用来管理用户身份数据并作为加密密钥，此时只有 ID 保存在链上，身份数据则通过密钥加密后保存在链下的 ID Hub 中。

3.1.4 推动互联网转型

2021 年 11 月 1 日，《中华人民共和国个人信息保护法》正式实施，要求公司在收集个人信息前要征得用户的同意。之前，包括姓名、身份、手机号、家庭住址、购物记录等大量个人隐私数据，以明文形式存储在各中心化的应用平台上，未经本人同意的个人数据交易成为灰色产业，以致"大数据时代，人人都在裸奔"。该法律旨在保障个人数据隐私权。

DID 借助区块链技术在不流转数据的前提下实现了信息传递，从而将信息权交回到了用户自己手中。简单来说，基于区块链的 DID 是用户在互联网上数字化的价值体现。从实现的角度看，前述进入办公楼或租车场景可能只需要极少行代码的智能合约，且不需要依赖公司的任何资源。不过，按照区块链常见的做法，用户授权查询的操作需要支付小额的手续费（如在以太网上用来支付计算时消耗的资源量，也叫 Gas 数），以补偿执行智能合约及将数据入链的矿工。

DID 默认是匿名的，有点类似实名认证之前的手机 SIM 卡，从技术角度看它具有唯一性且不可伪造。由于运营商控制了发卡环节，因此要群控一堆账号需要一定的工作量。SIM 卡即使不做实名认证，因为其唯一性和不可伪造，也是各个 App 所需的优质的真实身份标识。

与 SIM 卡不同的是，在 DID 中，用户完全掌控自己的匿名身份。用户的数据可以有选择地加密保存在区块链上，例如对于用户的学历证明，只有用户自己和对应的权威 DID 可以查看详细信息，而一般的查询方只能看到权威 DID 对用户学历证书认可的签名，从而保证了数据的安全性。

通过 DID，用户可以向访问的系统提供有限的信息。例如只提供昵称 Hellobtc，避免用户每注册一个账号就要暴露大量隐私数据。用户也可选择将自己的部分物理身份，例如社交账号，与 DID 关联。如果将身份信息和 DID 关联，还可以实现刷脸入住酒店等功能。

DID 可以有选择地公开自己的隐私数据。例如打车时仅向对方公布自己的打车历史记录及信用。由于区块链本质是匿名的并且部分数据是可加密的，这在技术上不难实现，而这一切（仅公开对方需要的信息）可以通过智能合约来自动完成，不需要像 Android 系统安装应用时那样，提示用户做出复杂的授权选择。

DID 成为互联网的基础设施之后，如果跟智能合约关联并支持跨链应用，用户就可以很方便地利用去中心化网络联系到一辆同城共享汽车，而共享汽车的司机也可以通过查看下单的 DID 信用信息来决定是否接单。

用户可以与一个餐厅的 DID 缔结外卖合约，餐厅接单之后，智能合约会自动触发送货员的 DID 进行送货，之后所有结算自动进行，中间不需要中心化组织来协调。

区块链的不可篡改特性天然适合形成用户的信用记录。

对于职场记录，一个用户要通过 DID 形成自己的工作履历，每份经历都需要得到相关同事（DID）的证明及认可。由于信息不可篡改，人们在证明时会更重视信息的真实性，从而形成非常有价值的数据沉淀。

DID 将是推动信息互联网向价值互联网转型的一个重要引擎。

3.2 区块链金融：区块链最大的落地领域

每一次重大历史现象背后都隐藏着金融秘密。

——尼尔·弗格森

17 世纪初，随着股份有限公司的诞生，出现了股票交易。经过 400 余年的发展，今天，人们每天都在参与着不同的金融活动——银行转账、在线支付、偿还房贷、购买保险、买卖股票。这背后还有大量的金融机构——银行、保险公司、交易所、会计师事务所提供着各种金融服务，维持整个金融体系的流动性和运转。

而随着比特币和区块链的发展，出现了一个运行逻辑完全不同于传统金融体系的虚拟金融体系。股票、期货、借贷等传统金融业务只用了不用 2 年的时间便出现在了虚拟经济中，实际投入其中的经济总额已突破 1000 亿美元，仅在 2020 年，这一金额便增长了近 100 倍。

"我不喜欢虚拟货币绑架我们现有的货币系统。比特币就是一种凭空创造的金融产品而已。"2021 年 5 月，当被问到对比特币的看法时，巴菲特在股东大会上如此回答。

区块链引导的虚拟经济是代表未来方向的金融创新，还是炒作下的经济泡沫呢？

3.2.1 金融的基础是信任

在金融业发展伊始，有钱的人和缺钱的人无法对接，为了解决这一问题，一个全新的角色——金融机构诞生了。这些机构自己没有钱，它们将一些人手里拥有的闲置货币收集起来，转借给需要货币的人，并从这一过程中获得佣金。

最早期的金融机构本质上是金融中介。出于信任考虑，扮演这一角色的最初是寺院，随着行业的发展和规模增大，出现了现在的银行、证券公司等金融机构。

因此，信任是金融的基础，正如有了对国家的信任，纸币才能流通和使用；有了对金融机构的信任，人们才会将钱存入银行或购买保险。

这信任注定要经受质疑和考验，尤其是在金融衍生品疯狂扩张之际。

2020 年的全球经济总市值为 84.68 万亿美元（数据来源：《全球经济展望报告》），全球股市总市值在 2020 年 12 月底达到 101 万亿美元，超过前者 19%。2020 年第一季度，全球债务相当于全球 GDP 的 331%。而仅在 2016 年，全球金融衍生品规模就已经超过了 1500 万亿美元，是当时全球经济总市值的 15 倍以上。

人们忍不住要问，金融创新中有多少泡沫？复杂的金融产品是否又在酝酿着新的经济危机？

3.2.2 你更信任组织，还是技术

金融创新是人类进步不可或缺的因素。互联网的出现大大提升了金融创新的效率，也改变了人们的支付习惯。

也正是出于对传统金融的不信任，在 2008 年金融危机中，代表着区块链技术的比特币诞生了。比特币发行时，还没有区块链这一概念，比特币的白皮书标题是"比特币，一个点对点的电子现金系统"，明确了比特币的一套全新金融逻辑：无须第三方可信担保即可进行金融活动。

人们很快发现它能代替已有的金融中介形态，并能更高效地执行金融产品规则。此后，为了与 CeFi 区分，应用这套逻辑的金融产品及其相关服务有了一个统称：去中心化金融，也叫 DeFi。在具体应用上，DeFi 可以基于自己的逻辑，复刻现实世界中的金融产品，如货币、借贷、衍生品（股票、房产）次贷、对冲基金等。

例如现阶段应用最多的抵押借贷业务，在传统金融中，我们需要向银行抵押自己名下的房子等有价资产才能借出现金。期间对资产的归属、抵押权的确认耗时耗力，而且存在弄虚作假、人为操作空间。而在区块链金融中，借贷平台 MakerDAO 的流程是这样的：MakerDAO 发行价值与美元挂钩的稳定币 DAI 及平台通证币 MKR，借款人在平台上锁定一些虚拟货币作为抵押品，例如比特币或其他虚拟资产，然后可以借出相当于抵

押资产价值 66% 的资金，利息在借款偿还时自动支付。整个平台由通证币 MKR 的持有者投票管理，例如，在流动性紧缺时可通过投票将 DAI 的存款利率降低，鼓励持有者将持有的 DAI 借出。此外，平台关于 DAI 的发行和销毁、虚拟资产的存款利率也有相应的规定。2021 年 5 月，MakerDAO 中锁定的质押虚拟资产价值高达 130 亿美元。

同时，去中心化交易平台提供类似股票的虚拟资产交易，针对虚拟资产的期权期货等各类衍生品交易也早已上线。它们和传统金融的区别是，交易数据公开透明，不需要中心化机构干预，结算成本更低，而效率更高。

此外，在传统金融尚未全面突破的领域，尤其是贫穷落后地区的普惠金融、小额信贷和跨境支付上，虚拟金融也更有快速落地的优势。

3.2.3 智能合约：更好的银行业务和交易

如果你对区块链略知一二，那么你肯定听说过智能合约。智能合约是具有法律约束力的可编程数字合约。

我们通过例子来解释一下它是如何工作的：A 和 B 希望将来在特定时间执行一笔交易，并事先约定只有满足某些特定条件，这笔交易才能生效。所有这些信息均可编程并放入系统中。一旦满足所有条件，系统就会自动释放资金。这些信息和条件将被编程为智能合约。由于一切都是自动化的，并且由系统执行任务，因此整个交易过程变得简单、快速和高效。

区块链平台允许用户创建在满足某些条件时执行某一操作的智能合约，这将为金融服务业提供更高效和低收费的服务奠定基础。越来越受欢迎的 DeFi 也将提供更多的金融服务，不再受制于地理位置和时间，让人们真正享受普惠金融和去中心化金融的红利。

2018 年 6 月 25 日，全球首个基于区块链的电子钱包跨境汇款平台在中国香港上线。港版"支付宝"——AlipayHK 的用户可以通过区块链技术向菲律宾的电子钱包 Gcash 汇款，耗时从之前的 10 分钟缩短到 3 秒，而成本更是大幅下降。利用区块链数据不可篡改的特性和智能合约技术，转账各方可全程实时监测，结算时间和成本优于传统金融的同类业务。

可以说，传统金融能做的，区块链金融能做；传统金融行业认为现在没必要做或者不值得做的，区块链金融也能做。

3.2.4 非理性繁荣和未来

1996 年，在面对互联网高估值带来的股市上涨时，美国联邦储备委员会主席称其为"非理性繁荣"。2000 年年初，泡沫破灭，但留下来的优质互联网公司笑到了最后，成为科技时代的宠儿。

现在，虚拟金融现在就像一个在建的金融"大工地"，看起来充满可能。

似乎是熟悉的配方，区块链引领的去中心金融产品也在初期就面临估值困难和市场热捧的两极化。而在金融领域中，我们需要看见的是，传统金融在一次次危机的煎熬和风险的化解中，逐渐有了相对完备的监管环境，那么总市值已过万亿的虚拟经济呢？

对虚拟经济的配套监管几近真空。

2020 年 10 月 26 日，DeFi 聚合协议 Harvest Finance 遭遇黑客攻击，根据项目官方发布的公告，损失共计 3380 万美元（黑客已退回 247 万美元），约占攻击发生前协议中锁仓总价值的 3.2%。

当区块链金融作为新兴事物展露着自己旺盛的生命力时，交易平台期货价格在极短时间内价位快速冲高回落的现象屡见不鲜，针对 DeFi 的黑客事件也层出不穷。

如今，经过大浪淘沙的互联网展现出了它改造世界的能力。我们有理由相信，作为下一代的价值互联网，区块链也将以更高的效率去芜存菁，用其更高效的金融逻辑给未来镶上一道金边。

3.3 或是未来 10 年最强风口：产业区块链时代正式到来

区块链技术在实体经济上的应用落地、融合发展、技术创新，才是未来最强的风口，产业区块链时代将真正打造基于区块链的实际应用场景，赋能实体经济，带动产业升级。

"今天的区块链有望超越比特币，远离狂热的炒作，脚踏实地，从谷底起步，开始攀爬产业互联网的长坡。……如同工业时代的用电量，未来'用链量'也许会与'用云量'结合在一起，成为数字时代经济社会的重要指标。"（出自马化腾为《产业区块链》一书所作推荐序）

随着区块链技术的应用上升到国家战略高度，它和 5G、人工智能、物联网和大数据产业成为新基建，区块链技术的应用迎来了史上最好的时代。截至 2020 年 10 月，已有超过 1000 个区块链信息服务项目在国家网信办完成备案。在充满想象的各类区块链应用场景中，产业区块链给出了更加具体和清晰的方向。

3.3.1 什么是产业区块链

产业区块链将区块链技术应用在具体实体产业的流程中，通过构建可信网络，提升效率、优化资源配置，实现传统产业的深度优化。

区块链能够把不同产业的数字生态连接成一个价值网络，而且它的数字资产能力能在数字经济中起到独特的作用。

对于产业区块链而言，整体的发展路径可以分为三个层次。首先，区块链可以消除中心化系统的弊端，实现数据的可信。其次，结合智能合约和其他技术，区块链可以建立商业信任，重塑合作关系。最后，数字资产可以建立数字经济时代的全新价值体系。

因此，产业区块链是区块链产业发展的一个阶段，旨在解决商业环境中的特定问题，例如优化业务流程、降低信任成本、提高效率等。

区块链的发展浪潮中远不止有数字货币，区块链产业的市场将会更大、更具有吸引力，因为它可以更好地建立企业之间及企业和消费者之间的价值连接。

3.3.2 区块链融入传统行业，加速产业区块链生态发展

区块链通过点对点的分布式记账方式、多节点共识机制、非对称加密和智能合约等技术手段，建立强大的信任关系和价值传输网络，使其具备分布式、去信任、不可篡改、价值可传递和可编程等特性。

这些特性可以融入传统行业中，解决产业升级过程中遇到的信任和自动化等问题，重塑传统产业，提高产业效率。

更为重要的是，区块链可以解决金融产业"脱虚向实"的问题，建立高效的价值传递机制，通过资产数字化，提高传统资产的流动性，进而促进传统产业数字化转型，同时构建产业区块链生态。

区块链和实体产业的结合，最初的出发点是利用区块链不可篡改等特性来"增加信任"。当前，产业区块链的落地应用主要分布在金融、司法、版权、医疗等对数据信任要求很高的场景中，这些场景也在逐渐成为产业区块链大规模落地的方向。

同时，"信任"问题的解决为企业间的多方协作奠定了基础，智能协同、信息共享等手段可以大大简化商业合作流程，提高协作效率，实现信任互联网。

可以看出，在产业区块链发展的初期，身份认证、数据交换、资产交易等应用场景都将基于数据信任进行衍生和拓展，最终更好地服务实体经济。除此之外，区块链在物联网、物流、公共服务等领域也有落地和发展。

接下来，将具体介绍区块链技术与物联网、供应链金融等具体行业的结合和应用情况。

3.4 物联网和溯源：加上区块链，才是价值网络

在这个技术驱动的时代，由于区块链自带金融属性，当物联网遇到区块链技术后，迸发出了新的生命活力。

3.4.1 物联网——以物相联

1999 年，麻省理工学院教授 Kevin Ashton 在宝洁公司发表了一次以物联网（Internet of Things, IoT）为主题的演讲，内容为如何将供应链中的 RFID 技术与互联网结合。此后，IoT 这一概念流行开来。10 年后，教授在回忆此事时，补充了他对物联网的观点："如果我们的计算机（物联设备）能利用收集到的数据了解事物，而非通过我们的帮助，我们便可以对一切事物进行跟踪和计算，并大大减少浪费、损失和成本。我们需要赋予设备自己收集信息的能力，以便设备可以随意地看到、听到和嗅到世界。"

物联网与互联网一样，具有改变世界的潜力。

物联设备的本质是能够自动搜集数据并将数据联网处理的设备。现在，我们身边的联网设备已超过百亿台，而 IoT Analytics 创始人兼首席执行官 Knud Lasse Lueth 表示："到 2025 年，预计将有超过 300 亿台联网设备，平均每人拥有将近 4 台物联网设备。"

物联网对数据的交易量、安全性和时效性要求都非常高，现阶段互联网基于中心服务器到端点节点的结构无法满足物联网设备间实时、微价值的信息交互需求，物联网需要一个更高效的机制。

3.4.2 当物联网遇到区块链

在区块链发展初期，产品溯源是区块链在物联网落地最多的应用。在产品流通的全环节中，产品的生产、制作、运输和销售数据都被记录在区块链账本上，利用链上数据分布存储、一旦建立不可篡改的特点，实现各环节信息共享，有效防止商品造假。

沃尔玛百货有限公司已使用区块链技术跟踪农产品以保证其安全性。2018 年，成批受污染的生菜在美国致使数十人生病，零售商不得不将生菜从商店撤出，食品溯源成为保护消费者利益的重要措施。从 2019 年开始，农民必须将其农产品的详细记录输入区块链中，如果将来出现任何污染问题，那么沃尔玛能够轻松地查明可能受污染的批次。智慧的供应链将使我们日常吃到的食物、用到的商品更加安全，让我们更加放心。

2019 年"双十一"，借助区块链技术，淘宝实现了超过 4 亿件跨境商品的可溯源；2020 年年底，全国进口冷链食品追溯管理平台上线运行，90%以上的进口冷链食品可追溯。

随着各大电商平台、品牌企业及监管部门纷纷将区块链用于溯源，现在人们可以查到酒水、冷链食品、海鲜等商品的出产地、品牌、物流信息，信息一旦上链，便基于区块链技术实现了数据间的关联和分布式存储，用极高的篡改成本倒逼商品从源头开始建立真实的数据。

对平台的信任正在转为对区块链的信任，而"物联网+区块链"的应用并不止于此。

现在的溯源主要是物联网设备相对单向的数据传递，随着物联设备的不断智能化，物联网将具备执行更加复杂的业务逻辑的能力，越来越多地应用到消费领域、生产领域和公共事业领域，包括穿戴设备、智能家居、智慧城市等。

随着物联网设备自动化能力的提升，物联网设备间进行高频信息交互后，在预先设置的权限内，设备间自动对接供需要求进而形成订单将是顺理成章的事。例如，在你的允许下，电视机将你的收看数据发送给第三方平台，并用获得的通证支付 NBA 的续订费用。

新的问题又出现了，如何存储指数级增长的数据？用什么作为传输和确认依据？如何确认信息的真实性？联网设备间如何决定优先级？如何自动确认订单并广播给其他设备？在 IBM 2015 年发布的《设备民主：物联网的未来》报告中，便已指出区块链技术是以上物联网问题的最佳解决方案，如图 3-2 所示。

区块链的分布式结构和存储机制决定了网络中的节点越多，网络越安全。联网设备可以将数据发送到私有的区块链网络，从而创建共享交易的防篡改记录。当物联网设备需要执行操作时，只要将相关业务逻辑提前写入区块链智能合约中，便可按照设定好的规则自动执行并结算。例如让设备自主选择数据源并付费，或者向生产商周期性下单订购日常用品。

区块链的通用数据账本促进终端间各类物联网设备的数据交换

注册
新终端

实现
远程认证

获取
其他电器的电力状况

检查
汽车安全性

图 3-2（来源：IBM 官网）

利用区块链技术，物联网设备的自主管理能力和设备间的交互能力将更加强大，可以承担绝大多数重复性的可预见的基础工作。在《区块链革命》这本书中，作者为区块链世界里的物联网成员赋予了一个统称——自主运作的代理人（Autonomous Agent）。它们可以交易、获取资源、支付，并为其创造者带来价值。

3.4.3 价值如何在物联网上传递

和理论验证不同的是，技术的商业落地往往以配套技术的普及为前提。3G 网络应用之初，用户只需要查阅文本资料，缺乏网络升级需求。在视频、游戏出现后，网速升级才成为刚需。在区块链之外，物联网的发展和应用普及，与 5G 网络的普及、人工智能的发展都有密切的关系。

先行者看得更远。2016 年，在《自由的设备》（*This one owns itself*）文章中，作者克里奥尔（Creole）用一台名叫罗素的无人机和无数细节，勾勒出了一幅清晰的未来场景。

查看这台无人机的身份资料，你会注意到一个特别之处，听起来就像一个笑话，真的让人难以置信：这台无人机的所属者让它成为自由"人"，并给它起了一个名字——罗素。

在这篇文章中，那台名叫罗素的送货无人机是自由的，可以为自己付费充电、实时监听网络上配送点传设备广播的送货请求、在送货时与沿途交通信号传感器交互导航、交付后自动扣费。

这便是对未来"物联网+区块链"生态的一个侧写。

3.5 供应链金融的新赛道

截至 2018 年底，我国中小企业超过 3000 万家，解决了全国 80% 的就业问题。2020 年的疫情给这些企业带来冲击的同时，也加速了数字化进程，为区块链供应链提供了落地环境。

3.5.1 晴天送伞，雨天收伞

日本电视剧《半泽直树》中，堺雅人扮演一名银行信贷经理，剧中小企业主对他说了这么一句话："银行晴天送伞，雨天收伞，不会管我们中小企业的死活。"

的确，出于风险管控考虑，银行更愿意用较低的利息放贷给还款能力强的大企业，而不会考虑提高利率放贷给抵押资产少却急需流动资金的中小企业。

这在产业供应链中体现得尤为明显。

麻省理工学院在 20 世纪 60 年代设计了一个非常有名的啤酒游戏，有 4 个角色分别代表消费者、零售商、经销商和啤酒厂家，试验要求，上下游企业之间不能交换任何商业资讯，只允许下游企业向上游企业下订单。它们构成了最简单的供应链。

传统的供应链很像自然界的食物链，处于最顶端的叫作核心企业，例如游戏中的啤酒厂家，它们拥有最大的话语权和金融信用，也是银行最愿意打交道的企业。其次是和核心企业直接合作的一级供应商，例如游戏中的经销商，这些企业由于手握与核心企业的合作合同，也在核心企业的信用辐射范围之内。再次是和一级企业合作的中小企业，例如游戏中的零售商，由于远离核心企业，没有直接签订的合同，他们经常处于上游欠货款不给钱、与下游订货被要求付现款，却又难以低利率从银行借出钱来的困境中，如图 3-3 所示。

图 3-3

随着经济一体化的发展与互联网技术的逐渐普及，现在的产业供应链参与者多元化，引入了银行外的资金提供者、物流仓储等细分角色。但总体来说，由于交易信息只在上下游的有限环节间互通，所以整个产业供应链还是核心企业主导的，供应链流程也相对封闭。

而产业供应链这种多角色参与的生态，恰好让区块链分布式技术有了用武之地，往往参与角色越多，越能显示出其解决方案的价值来。

那么，区块链的供应链有什么不同呢？

3.5.2 两个区块链供应链案例

1. 全球贸易海运 TradeLens 区块链

TradeLens 区块链由 IBM 与全球运输企业马士基集团合作，实现了全球供应链数字化，为船运公司、报关行、卸货港海关和收货人提供实时可靠的航运追踪。如果出现意外情况，那么各相关方能及时看到问题发生在何时何地，以及应由谁负责，数据确保仅开放给必要相关方。在 TradeLens 区块链一年的试用期中，平均运输时间减少了 40%。

2. 蚂蚁双链通平台

2019 年年底，蚂蚁区块链发布了双链通平台，通过打造一个多方参与、信息共享的供应链协作网络，让核心企业的信用可以穿透各个层级，以核心企业的应付账款为信用凭证，在不需要核心企业每次确权的情况下，通过担保公司为中小微企业解决融资难题。经过 6 个多月的运营，大量企业加入平台，一家注册资本只有 30 元的某专卖店在双链通上实现了担保贷款。

在上面两个案例中，区块链的供应链解决了之前始终存在的信用穿透难题。

区块链构建的能让多方平等协作的网络能否真正发挥作用，取决于参与各方是否有对平台而非某一方的信任，以及能否有足够多的参与方，从而形成网络效应。

在 Tradelens 区块链中，区块链技术中的分布式数据存储技术和参与各方的运营节点保证了数据的公开透明和平等，没有中心节点就不会发生数据垄断，正因如此，地中海航运公司、法国达飞海运集团、特赫伯罗特货柜航运有限公司、海洋网联船务（中国）有限公司，以及澳大利亚、新加坡、加拿大等国家的海关均已加入。

2019 年 7 月艾瑞咨询在发布的《2019 年中太古代中国区块链+供应链金融研究报告》中预测，到 2023 年，区块链可让供应链金融市场渗透率增加 28.3%，将带来约 3.6 万亿元的市场规模增量。

TradeLens 区块链是全球范围内整个海运行业的合作，可以预见，在供应链各方全部参与并进行信息共享的情况下，TradeLens 区块链也将显著地带动整体航运效率的提升，甚至会带动更多末端环节发展，如到岸后的物流效率、金融服务角色的持续参与等。

这就是平台的网络效应。

3.5.3 供应链方案需要网络效应

在传统的金融模式中，诸多银行先后建立了基于自家的供应链金融平台，信贷经理不定期到企业现场追踪物流、查看库存，确保信息可信，工作烦琐，风险管控要求高。

在 2019 年 2 月 1 日的央视《经济半小时》节目中，某中小企业主对着镜头坦言：如果拖欠应收账款的问题不解决，那么生意越大，被拖欠的应收账款就越多，风险越大。

对区块链供应链平台来说，如果参与方不够多，或者只有某家核心企业的上下游企业参与，那么搭建的区块链供应链平台会和已有的互联网供应链平台十分类似，不仅增加上下游企业的工作量（他们需要在不同核心企业的不同区块链供应链平台上切换以查看或提交信息），而且很难吸引相对强势的金融机构放弃自己的供应链金融平台，难以从根本上解决中小企业融资难的问题，信息共享和协作更无从谈起。

区块链供应链平台发展初期会存在两个问题。一是搭建区块链供应链平台的目的是打造多方参与的协作网络平台，所以或许在发展到特定阶段时，一个产业只有一个供应链平台。但是在发展初期，我们难以避免金融机构或核心企业各自构建区块链供应链平台。二是区块链平台的优势是参与节点越多越稳定，因此在发展初期激励参与方加入其中尤为重要。

供应链管理和供应链物流是老难题了，现在，区块链给出了一个更有可能也更高效的解决方案，其他的就留给时间检验吧。

3.6 区块链和医疗健康

换了一家医院就诊就要重复检查？报销医药费要带一大堆单据来回跑几次？担心自己就诊的隐私信息遭泄露？

2020 年，中国人均医疗保健收入占消费支出的 8.7%，作为一个庞大且还在快速发展的产业，医疗行业的效率和安全性饱受质疑。区块链技术将在医疗领域大展身手，不仅使患者真正拥有自己的数据，还能确保临床医生对患者的病情和治疗方案有一个全面的了解。

3.6.1 医疗领域区块链化的主要方向

1．电子病历：基于区块链的健康档案

某区块链公司的医疗健康区块链项目帮助用户实时存储和管理健康信息，用户可以创建终身健康记录，去看医生时可以随身携带。此外，用户还可以使用该项目的加密货币来购买更多存储空间。

与大多数医疗健康区块链项目一样，该项目已转向私有区块链，所有节点都位于安全网络中。

ProCredEx（Professional Credentials Exchange）公司的首席执行官 Anthony Begando 说：“如果你想创建适合使用区块链技术的行业级别解决方案，那么你必须确保隐私。这是真实世界的商业现实。”

2．医疗报销管理

PokitDok 公司为医疗保健垂直行业开发 API，如医疗报销、药房和身份管理。它为各种来源的患者数据提供了一个安全的网络，能够在几秒钟内完成医疗报销单据的复核。

就经济影响而言，区块链的这种应用在医疗报销决定和账单管理中至关重要。拥有60 年咨询经验的沙莉文公司（Frost & Sullivan）在其官网发布的《2025 年，区块链与新兴技术的融合将颠覆医疗保健行业》一文中称：“区块链技术可能不是解决医疗保健行业问题的灵丹妙药，但它有可能通过优化当前工作流程和消除一些高成本的监控费用节省数十亿美元。”

3．供应链监控

Chronicled 公司正在打造区块链医疗保健领域最突出的用例之一。他们开发了一个跟踪药品、血液和人体器官的平台，并且使用便携式智能传感器，在区块链上存储温度数据，以确保数据安全。

当面对审计或召回时，供应链的追踪能力对于确保安全性和可信度尤为重要。此外，还有一些项目致力于将区块链技术与人工智能技术结合，通过对数据的分析来提高效率。

可以想象，借助区块链技术，可以创建带有时间戳的通用记录存储库，从而轻松地跨数据库提取数据。患者再也不用为报销医药费跑断腿，在更换医院就医时重复检查，真正做到让"数据多跑路，群众少跑腿"。管理成本的下降自然也可以帮助我们节省更多的医疗费用。

3.6.2 区块链在医疗领域的应用尚存问题

我们看到区块链能给医疗领域带来诸多好处，但为什么现阶段区块链在医疗领域的应用还没有大范围落地呢？这主要受制于以下问题。

1. 初始成本和效率问题

任何一个新的解决方案都需要一定的成本，去中心或者多中心区块链的成本较中心化网络服务的成本要高得多，对技术、网络基础资源、服务运维等方面的初始投入相对较大，这种情况必然会阻碍区块链被医疗机构大范围采用。另外，从现阶段区块链技术的发展看，可拓展性仍然是一个问题，这会限制区块链系统在用户数庞大的医疗领域服务的效率，或许会造成服务拥堵等情况。

尽管区块链技术为医疗保健行业带来了众多益处，但我们不应该盲目乐观。某基因组学公司的首席科学官 Dennis Grishin 称，区块链技术只是故事的一部分。他说："这是一个重要的部分，但不是唯一的部分，最终，区块链技术必须与其他技术一起部署，以创建更有效的医疗环境。"

2. 合规性和政策问题

以美国为例，如果一家医疗机构需要采用区块链技术，那么其必须符合早前针对互联网行业制定的信息、隐私等条例法案的要求，而且美国每个州的条例各不相同，医疗机构需要针对这些条条框框进行区块链系统的个性化定制才能够符合标准并上线相关服务。

3.7 区块链和知识产权：数字图片得以高价拍卖的秘密

在数字世界中，管理和维护行政控制的方式必须改变。

——《哈佛商业评论》

2021 年 3 月初，数字艺术家 Beeple 的数字作品《每一天：前 5000 天》在佳士得拍卖行以 6900 万美元成交，创造了全新的世界拍卖纪录。

重点并不是价格，高价成交的可是原本可以无限复制的数字作品，并没有对应的实物，在某种意义上，它实现了数字产品知识产权的有效转移。

这是怎么做到的呢？我们首先需要了解知识产权的概念。

知识产权是一种无形资产，分为工业产权和著作权两大类，包括发明创造、文字和艺术作品、在商业中使用的符号、名称和图像等。各有不同的保护和受益期限。

我国的知识产权制度起步比较晚，但发展速度很快。1979 年 3 月，我国开始制定专利法。1984 年 3 月 12 日，第六届全国人大常委会第四次会议通过了《中华人民共和国专利法》。1985 年 4 月 1 日，即我国专利法实施的第一天，原中国专利局就收到来自国内外的专利申请 3455 件。2019 年，中国国家知识产权局受理的发明专利申请量为 140.1 万件，连续 10 年高居世界之首。

但同时，现有制度中还存在一些问题。

一是确权流程复杂、周期长、费用高、专业难度大。当前，通过线下渠道进行版权注册仍需要几个月的时间，通过线上渠道也需要 10 个以上工作日。总体上，尽管互联网技术的应用加快了确权进程，但确权时效性依然普遍较差。

二是用权变现难，供需对接难。据国家版权局官方信息，2017 年我国著作权登记总量就已超过 274 万，同比增长达到 36.86%，显示出我国在知识产权供给方面的能力已有大幅提升。如何有效促进知识产权的交易，进一步释放知识产权的应用价值已经成为影响行业发展的重要课题。

三是维权效率低，举证困难。首先是侵权界定难度大，尤其是数字内容的界定。其次是维权难溯源。最后是相关法律法规还不健全，民众版权意识普遍较弱，版权违法现象较为严重。

随着互联网时代的来临，知识产权问题面临着新的局势。

每天，我们周围的世界都有着越来越多的数字交易和数字产品。然而，我们记录合同和交易的方式仍停留在过去。关键工具跟不上数字革命发展的脚步。正如《哈佛商业评论》（Harvard Business Review）中的一篇文章所述："就像 F1 赛车在交通高峰期陷入的僵局，在数字世界中，管理和维护行政控制的方式必须改变。"这也是很多公司都在寻求将区块链技术应用到各个行业的原因——潜在的好处是巨大的。

赛迪公有链技术评估负责人蒲松涛认为"区块链可以让全球在同一平台进行知识产权的交易"，并提出"区块链的特点可以解决知识产品领域的三大痛点：产权声明、产权确权、产权加密"。

通过区块链节点来声明知识产权，确权时限仅依赖区块链网络的区块确认时间，显著提高了确权的时效性；通过时间戳可以确定成果的先后顺序，避免权益纠纷；基于区块链网络的去中心化特点，用户可以自主地提交智力劳动成果并实现确权，个人可以通过区块链系统设定并享有相应的权利，提高创造者的创造积极性；通过区块链的去中心化特性和密码学技术，可以显著提高知识产权相关数据的安全性，防止成果被篡改；此外，基于区块链还可实现在提供版权存在证明的同时不泄露版权自身的内容。

区块链技术一诞生，区块链在知识产权上的探索就开始了。这几年，国内外相关的应用平台和解决方案不断出现。

2018 年 5 月，国际区块链知识产权理事会（BIPC）在华盛顿区块链峰会上正式成立，包括微软、德勤等在内的 40 个创始成员企业加入。欧洲联盟知识产权局（EUIPO）等多个政府机构和知识产权登记处也正在积极开发区块链相关应用。

2019 年 3 月 28 日，中国版权中心联合国内多家头部互联网平台和核心机构发布了 DCI 标准联盟链体系。中心张建东主任称："区块链技术提升了信用的落地效率与公信力。各成员节点可根据产业生态、业务形态，在垂直、细分领域形成业务联盟链与自治，以形成安全的商业数据隔离与版权价值互信，共同建构 DCI 体系互联网版权保护的生态。"首批加入标准联盟链的成员包括中国版权保护中心、微博、中益数联、京东、阿里巴巴口碑、广联达、迅雷、中国司法大数据研究院、花瓣美素、妹夫家等。

2019 年 4 月 24 日，中国首家运用区块链技术开发运营的跨国技术转移与 IP 交易平台——江淮知识产权对接交易平台正式上线，旨在建设一个按市场机制运行，线上线下结合，能够进行知识产权与科技成果发布、展示、交易，汇聚科技创新资源与技术需求咨询，集大数据检索与分析功能于一体的综合服务平台。

腾讯安全灵鲲知识产权保护系统基于区块链技术，构建了集知识产权登记确权、权利归属查询、产权统计分析、专利导航、重点专利分析识别、产权交易、证券化融资等于一体的知识产权运营服务体系，与腾讯领御区块链取证固证平台相结合，提供网上违法证据的收集、核验及存取等功能，实现了以知识产权保护为核心，助力市场监管部门实现网络侵权监测与全流程精准处置的管理闭环。

同时，随着区块链 NFT 的应用，数字产品有了可以标识唯一性的工具，尤其是在艺术领域。

2021 年 1 月，据 NBA 加拿大官网介绍，NFT 游戏 NBA Top Shot 总销售额达到了 2.26 亿美元；2021 年 3 月 25 日，当代中国超写实画派的领军人物冷军的一件绘画作品在"DoubleFat 双盈——首届 NFT 加密艺术展"上被现场焚烧，并生成加密艺术 NFT，最终以 40 万元成交。这些事件引发了业内的广泛关注，排除可能存在的价格泡沫，区块链对知识产权的保护和在商业应用中的作用已逐渐清晰。

区块链应用于知识产权领域的过程并不会一帆风顺，在技术落地之前，一些问题尚有待突破。

一是在区块链技术方面，面向知识产权保护的区块链底层技术还有待进一步突破，例如，如何在保障区块链系统高效性的前提下，建立版权确权信息与版权内容分离存储和管理的网络体系。此外，数字内容的压缩和高效管理也是技术挑战之一。

二是在线上与线下信息对接方面，缺乏相关机制，包括如何将区块链地址与真实世界的个人和机构对应起来、如何推动线下智力劳动成果的数字化，以及如何将已有版权登记信息迁移至链上。

三是在应用普及方面，最大的挑战在于如何让区块链得到全球各界的认可并积极将版权信息登记到链上。如果普及度不够，则会出现非权益主体将版权在链上率先登记的情况。

3.8 全球巨头争相推出区块链平台，天下将没有难做的区块链应用？

"我跟技术小哥打赌，说 99% 的人看不懂这张图在说什么，他不信，快来证明给他看你们都看不懂！如果输了我就要买一个月的早饭了！" 2021 年 4 月 15 日，支付宝官方账号在这条微博下贴出了一张主题为"在支付宝上如何体验搭积木的快感"的海报，海报的底端是区块链一词的英文，如图 3-4 所示。

图 3-4

第二天，蚂蚁区块链就面向中小企业正式推出了"开放联盟链"，首次全面开放蚂蚁区块链的技术和应用，降低中小企业"上链"门槛至数千元，所有的中小企业开发者都可以像搭积木般开发相关的区块链应用。

这意味着，企业基于区块链的应用开发门槛进一步降低，企业间的数据传递效率也有望大大提升。

企业区块链开放平台的布局早有迹可循，2019 年 3 月 30 日，国家互联网信息办公室发布了境内区块链信息服务备案清单（第一批），其中，腾讯云 TBaaS 区块链服务平台、京东区块链 BaaS 平台、蚂蚁区块链 BaaS 平台等互联网头部企业的区块链项目均在清单中。

那么，究竟什么是 BaaS？为什么那么多互联网头部公司竞相推出 BaaS 呢？它是未来竞争的主战场吗？

3.8.1 什么是企业级区块链平台服务

举个例子，一家初创的小企业想开发新的区块链，开发人员往往得从零开始，一行一行写代码。但如果采用了 BaaS（Blockchain-as-a-Service，区块链即服务）[①]，常用的代码已经被事先写好并模块化，那么开发人员只需通过接口加载这些模块，就能实现一步上链。这种方式能降低中小企业使用区块链的门槛，迅速创建私有、公有及混合链等区块链环境。

BaaS 指创建一种服务，使用户能够在很短的时间内以最小的成本将区块链技术应用到业务流程中。

BaaS 的概念最早由微软和 IBM 两个科技巨头提出，可以简单理解为一种新型的云服务，一种结合了区块链技术的云服务。微软、IBM 这些科技企业从自己的云服务网络

---

① 后端即服务——Backend as a Service，也被缩写为 BaaS，它与区块链即服务（BaaS）不同，注意区分。

中开辟出一个空间，用来运行某个区块链节点。和普通节点及交易平台的节点相比，BaaS 节点的优势体现在：工具性更强，便于创建、部署、运行和监控区块链。BaaS 提供的是配套服务，可为区块链开发者、创业者提供孵化器。

美国市场研究公司 ABI Research 预测，到 2023 年，分布式账本技术[①]（Distributed Ledger Technology，DLT）软件的销售和相关服务的收入将超过 106 亿美元。毫无疑问，市场份额的很大一部分将直接被 BaaS 平台所占据。

此外，全球的几个科技巨头，例如微软、亚马逊，都在积极开辟 BaaS 战场。

3.8.2 企业级区块链服务的发展

2020 年起，已经有大量的公司和企业对使用区块链技术并将其引入公司业务运营表现出了极大的兴趣。毕竟，相比于传统的中心化系统，使用分布式的区块链技术解决方案可以带来许多好处。

使用区块链技术时，如有必要，那么输入的信息可以完全（或部分）透明，并可供企业客户（B2C 模式）、合作伙伴和承包商（B2B 模式）访问，这会大大提高工作的透明度，减少各方的信任成本。

将所有的信息都存储在区块链上，可以大大减少参与者在业务流程中的检查工作，使用户能够更高效地协同工作。同时，可以使企业减少使用昂贵的第三方中介服务，例如数据的核查人、公证人等。此外，区块链技术可以免去一部分与承包商相关的中间环节，不仅能高效地完成这些承包商的工作，还能节省大量费用。

最初，BaaS 仅用于金融和保险领域。2015 年 11 月，微软启动了 BaaS 计划，该计划将区块链技术引入微软的 Azure 云服务，并为使用 Azure 云服务的金融行业客户提供 BaaS 服务，让他们可以迅速创建区块链环境。著名的区块链 R3 联盟旗下的分布式账本

---

① 在分布式账本中，数据分布存储于对等网络节点上，不存在中央管理员或集中的数据存储。区块链系统是分布式账本的一种类型。

Corda 就是跟微软合作的。

现在，我们能很明显地看到 BaaS 的使用并不仅仅限于金融领域。BaaS 提供针对数字版权、区块链合同、数字物流等各类场景的解决方案，方便企业创建自己的区块链解决方案。

3.8.3 著名科技公司的 BaaS 布局

区块链技术一直都面临诸多挑战，它不仅仅需要真正可靠且高效的数据存储方案，还要具备高度的可扩展性。此外，相关解决方案必须与其他系统兼容，这就使得实施成本极高。要在这个新兴的、还不够成熟的领域寻找到合格的技术人才参与企业的区块链解决方案建设，难上加难。

在此背景下，BaaS 是低门槛实现和使用区块链技术，满足企业业务需求的一个重要方向。在这方面，很多大型科技公司非常清楚这一事实，并急于在行业中占据一席之地，纷纷推出 BaaS 服务。

1. 微软

微软 Azure 企业级云计算平台于 2018 年年底推出 Azure 的区块链开发工具，是第一个提供 BaaS 服务的平台[①]，企业用户可以利用多个较为成熟的区块链的开源框架，包括以太坊、IBM 的 Hyperledger Fabric、R3 的 Corda 和 Quorum 定制自己的区块链技术，简化区块链解决方案的创建过程并降低成本。

2. 亚马逊

亚马逊是该细分市场中最大的美国公司，2018 年 11 月宣布创建并积极使用了两种 BaaS 产品：亚马逊量子分类账数据库（QLDB）和亚马逊托管区块链服务。虽然 QLDB

---

① 微软表示，因"区块链行业最近的变化和我们客户不断增长的业务需求"以及"用户对我们现有产品兴趣的降低"，Azurea 区块链于 2021 年 9 月 10 日退出服务，并与 ConsenSys 合作，为现有用户提供迁移服务。

是亚马逊区块链旗下的产品，但从业务性质来看，QLDB 是受加密保护的数据库，并不具备区块链的分布式存储和共识功能。

亚马逊的 BaaS 产品允许用户使用以太坊和 Hyperledger Fabric 开源框架，在亚马逊组织内轻松创建和管理私有区块链。亚马逊的托管区块链服务是管理区块链的现成解决方案，该服务允许用户控制必要的证书、连接新用户，以及扩展现有区域的访问权限。亚马逊的 BaaS 产品还提供当前网络状态、工作负载级别和其他运营指标的统计信息，例如计算机资源、内存和存储系统的使用数据等。

3. IBM

IBM 的区块链平台包括软件、模板、代码示例和其他工具，能够让用户创建自己的区块链解决方案并在 IBM Cloud 中启动、测试和管理。

2019 年 2 月，IBM 推出了 IBM Blockchain Platform Free 2.0 版本，称其为"新一代部署和发布区块链网络"的解决方案。它包含了一个现成的架构和一个中心化的、简单易懂的用户界面，允许技术知识水平较低的人员"组装"出令人满意的区块链解决方案。

4. 国内科技巨头

腾讯与百度主攻金融领域的区块链技术应用，双方先后建立了面向金融业的商业级 BaaS 平台。

2016 年 6 月，微众银行开发的金融业联盟链云 BaaS 发布。2017 年 11 月，腾讯云正式发布金融级解决方案 Tencent Blockchain as a Service（TBaaS），用户可按照自己的业务需求，在云平台上快速搭建自己的联盟链。

2017 年 7 月，百度依托于百度 Trust 区块链技术框架，推出了适用于支付清算、数字票据、银行征信管理、权益证明和交易平台证券交易、保险管理、金融审计等领域的区块链 BaaS 平台。

阿里巴巴和京东更关注线上线下一体化，在商品防伪溯源领域展开技术探索。

2018 年 4 月，基于阿里云 BaaS，天猫奢侈平台 Luxury Pavilion 推出了基于区块链技术的正品溯源功能。2018 年 8 月，阿里云发布了适用于商品溯源、供应链金融、数据资产交易、数字内容版权保护等领域的企业级 BaaS 平台，支持一键快速部署区块链环境，实现跨企业、跨区域的区块链应用。

2018 年 8 月，京东区块链防伪追溯平台 BaaS 正式上线，将商品的原料、生产加工、物流运输、零售交易等数据上链。

在 BaaS 这个新领域，不断有新入场者，很多表面看上去并非核心参与者。例如韩国最大的电信公司 KT，该公司在 2019 年 3 月发布了名为 GiGA 的区块链，为企业提供 BaaS 服务的平台产品。负责该项目的首席执行官表示，该平台将降低当地公司业务引入区块链技术的门槛和价格，并将创建一个庞大且可持续的生态系统，所有参与者的效率都会提高。

今天，在 BaaS 领域，除了上面提到的这些公司，还有数十家大公司正在积极投入，包括但不限于惠普、甲骨文、谷歌、SAP、HPE、英特尔、德勤、Blockstream 等。诸如 R3 和 Hyperledger 金会等联盟，也在为联合各地的市场参与者创造可持续的 BaaS 市场而努力。

随着区块链平台的不断发展和完善，其开放程度和业务能力也在不断增强，蚂蚁区块链先后推出了 BaaS、开放联盟链这两大区块链平台，为不同业务需求和预算的企业提供更多选择。

企业级区块链应用平台在慢慢成为一种趋势，未来会有越来越多的中小企业通过这一类平台将区块链技术融入自身的业务中，享受区块链技术带来的红利。

3.9 区块链和政务

生产任何东西最有效的方法，就是把所需的尽可能多的活动集中在一个管理之下。

——彼得·德鲁克

如果你买卖、抵押过房产，就必然和国土、税务、房产等部门打过交道。在这些地方，人满为患的政务大厅，人手一包厚厚的材料是常态。在这些背后，是数据存储的孤立、协作的低效。解决这个问题需要实现各职能机构间的数据共享和管理，这不是简单的事。

3.9.1 不动产电子权证的第一步

2018 年 11 月 13 日，湖南省娄底市发放了首张不动产区块链电子凭证，成为又一个区块链里的"第一"，新浪财经随即用"房子上链！"作为标题进行了报道。

不动产电子权证是娄底市"不动产区块链信息共享平台"项目在政务服务领域的首个落地应用场景，也叫"四网互通"，目的是实现不动产登记与国土、税务、房产等政府职能部门在数据上的互联互通。

项目正式运营后，以前需要去娄底市国土资源局、税务局办理的不动产相关业务，可以在网上提交或去银行就近办理，实现"数据多跑路、群众少跑路""最多跑一次"的目标。

与此同时，一份无形且不可篡改的不动产电子权证也会作为之前纸质房产证的补充或替代，降低保管、使用成本。

区块链以其数据不可篡改、快速传输和点对点（尤其是联盟链）的优势，不仅可以保证所有权唯一且不可破坏、验证所有者对记录状态的更改、创建可靠的财产记录，还可以广泛应用于对数据管理要求高、协作性强的政务领域。

现阶段，有很多国家已将区块链应用于公共事务的管理，包括土地注册、投资选举、身份管理、财税、健康管理等，其中有些国家的规划和部署已有所进展，例如：

迪拜：对于区块链保持着开放态度，发布了"阿联酋区块链战略 2021"，希望建成首个由区块链技术驱动的国家，将区块链技术集成到支付系统。作为中东最大的旅游国家，预计将通过由区块链技术驱动的无纸化办公系统，实现每年节省 15 亿美元的目标。

爱沙尼亚：从 2012 年就开始将区块链技术应用到多个政府应用，在数据库中引入分散的分类账技术，涉及卫生、安全和立法等多个部门；还开发了一个名为 ID-kaarts 的基于区块链的国家身份管理系统，大大提升了政府服务效率。

美国：据报道，在联邦级别，DARPA 和五角大楼正致力于使用区块链技术提出强有力的安全协议；伊利诺伊州试启动出生登记和识别系统，该系统由区块链技术提供支持，目标是增强个性化和身份安全性。

3.9.2 我国区块链政务的案例

在我国，区块链在政务方面的应用不乏案例。

2018 年 6 月 29 日，全国首例区块链存证案在杭州互联网法院一审宣判，确认了采用区块链技术存证电子数据的法律效力，明确了区块链电子存证的审查判断方法。

同年 8 月 10 日，深圳市税务局、腾讯公司顺利开出全国首张区块链电子发票，发票的密码区印有该发票在区块链上的唯一哈希值，如图 3-5 所示。

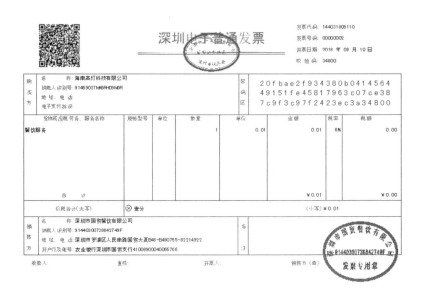

图 3-5

在这些现象背后，是各地政府对区块链的了解和尝试。

观察这些案例，你会发现，在应用区块链技术实现资源整合和部门协作上，从上至下的规划和指导是必要的。

尽管在一个领域应用更好的技术实现效率提升需要巨大的投入，但我们得承认：统一的规范、管理和共享数据；而不是各自为政、自建系统、相互孤立的数据，才能真正让区块链的技术服务于公共事务。

区块链技术一直深度融入雄安新区的建设发展过程，所有与建设项目相关的资金管理过程全部上链，在此基础上，2020 年 12 月 14 日，雄安区块链底层系统 1.0 版本发布并投入使用。"希望区块链像互联网一样，成为生产生活的底层设施。"雄安区块链实验室的负责人接受采访时如是说。

3.10 区块链能缩小贫富差距，是妄念还是憧憬

2019 年，美联储（FederalReserve）经济学家的一项研究显示，美国贫富差距正在持续扩大。最富有的 10%的家庭长期以来控制着美国 50%以上的财富，在过去 20 年中这一比例稳步增长。至 2018 年，1% 的美国人拥有美国 31%的财富，而前 10%的人拥有美国 70%的财富。与此同时，财富最低的美国人中，50%的美国人拥有的资产总额只占总数的 1.2%。如图 3-6 所示。

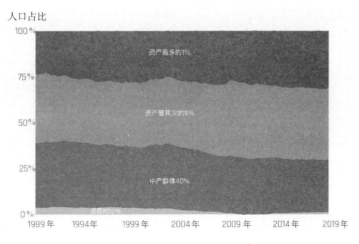

图 3-6（来源：Equitable Growth 官网）

导致这种现象的原因众说纷纭，不过今天讨论的重点在于，区块链能不能缩小贫富差距。互联网没能做到的事儿，区块链能否接棒继续？

3.10.1 曾经的希望

人们曾寄希望于通过互联网缩小贫富差距。

遥想当年，互联网无比平等自由，谷歌车库初创，脸书宿舍共商①……

然而，就是这个被寄予给人类带来平等、自由希望的互联网，却由于其天生的基因，加速了贫富差距的拉大。Google、Facebook、Amazon、Apple、Microsoft，都拥有着庞大的市值，并深刻地影响了人们的生活方式。虽然互联网连接了越来越多的人，然而互联网的核心资源却被几大巨头公司垄断，由此造成了贫富差距在互联网的推动下，变得更加悬殊。

这也许是无法改变的事实，因为互联网天性如此。

1. 互联网的普及让信息更快速地传递，不爱学习的人可以更加沉迷于游戏八卦，爱学习的则更容易掌握新的知识和技能，个体差异被放大，近两年知识付费的兴起，便是一个很好的例证。

2. 互联网让沟通和交流变得更加便捷，人们轻易可以找到与自己能力、社会地位、兴趣爱好，或是价值观相近的人。其结果便是，强者抱团合作，强者恒强；弱者更快速地落入弱者的圈子。

3. 有了互联网和各种基于它的金融衍生品，资本的流动性大大增加，也极大地拓展了资本家的资本收益率。而大多数人单位时间的劳动收益变化不大，无法与资本收益相提并论，贫富差距进一步加大。

---

① 谷歌成立之初，因为经费有限，将办公室设于房东苏珊·沃西基的车库；脸书（Facebook）最早是在扎克伯格的哈佛宿舍中开发并上线的。

强者愈强，弱者愈弱。富者愈富，穷者愈穷。互联网工具变成了马太效应的放大器。

每到"双十一"，都会曝出某些网店当天销售额破亿之类的新闻，却很少有人关注，在少数网店疯狂的背后，其实还有几百万的小商家月入不过几千元。

流量分配的规则完全没有理由青睐那些弱小商家。

3.10.2 新的救星？

区块链的横空出世，让很多人再次看到了希望。

Code is Law——代码即法律。

在很多人的眼里，AI 是新时代的生产力，而区块链是新时代的生产关系。区块链用程序和代码创新了人类社会的信任机制，重构社会的方方面面。去中心化、价值传输，多么诱人的词汇。

如果说 AI 可以让资本家绕过工人直接对接消费者，从而降低成本、扩大利润，那么区块链则提供了信任基础，让人们绕过提供信任背书的大资本或机构，直接对接消费者，消除资本的"盘剥"。

有了区块链，有了数据市场，我们就能通过区块链技术，真正做到自己拥有自己的个人数据。这样，我们就可以安全地把部分个人数据贡献出来，得到一定的回报。例如，出售自己的基因信息、医疗信息、消费信息给大数据公司、医院、科研机构等。

再例如，互联网时代的巨头 Uber、AirBnB，本质上是信息中介平台，为乘客和司机、租客和房东提供帮助。中心化的公司管理这些信息和数据，从交易额中抽取相当比例的手续费。在区块链时代，信息的管理和撮合完全可以用区块链协议来实现，这里没有股东，也没有盈利导向，没有业绩增长的压力，没有中间商赚差价，从而实现低手续费，让交易双方都获益。区块链协议打击了公司股份制，把原本被股东吃掉的利润还给了乘客、司机、房东、租客。

一切看起来都很美好，贫富差距在这种去中心化的通证经济下，貌似可以得到很好地改善。然而，未来是否真会如此呢？

至少在现阶段，我们暂时还看不到上面描绘的美好场景。我们看到的是：

- 少数新贵和早期投资者财富的爆炸式增长。

- 瑞波创始人、以太坊创始人等从几年前的默默无名，登上如今的福布斯全球富豪排行榜。

- 比特币算力进一步集中。

- 项目方、交易所、币圈大佬联合起来，通过信息差等手段，赚取普通投资者的钱。

有人说，任何重要的技术，都会造成权力格局的改变。最先应用、参与其中的一批人受益最大。互联网如此，区块链也不会例外。贫富差距源于认知差距，区块链只能改变生产关系，却不能改变人对事物的认知。在任何行业，二八定律都一定存在，区块链行业也不例外。

亲爱的读者，当你看到这里时，也许会感慨：为什么福布斯排行榜上没有我？为什么区块链世界的头部玩家里没有我？为什么比特币高点的时候我没有抛？为什么我刚一进场就被套？

这样追问下去，不仅于事无补还会徒增沮丧，不如反过来思考，站在未来的视角来看，现阶段做什么事情，大概率是对的？区块链发展到现在，是不是还处于早期？实际活跃的比特币地址是不是还非常少？你身边的人，不认可区块链的人是不是还有超高的比例？在区块链的这个大方向上，你对区块链的理解和行动是不是远超他们？想明白了这些，应该就不会迷茫，也不会担心。

要么敬畏，要么继续学习！

3.10.3 新的理论

得到精英日课专栏有篇有趣的文章——《一个对收入差距增大的物理学解释》，这篇文章提到了以下两点。

1. 财富来自流动

任何一个存在流动的系统，例如河流，它长期的演化趋势一定是慢慢调整结构，让流动越来越容易。

对于财富也是一样，经济系统必然向越来越有利于财富流动的方向演化。

中国那句老话"要想富，先修路"其实也是这个意思。所以说，你控制的流量越大，你创造的财富就越多。

2. 流量的分叉

哈尔滨的一大批商品要卖到北京，从哈尔滨运到北京，到了北京再分到各个分发中心，各个分发中心再运到商场或者快递公司，最终到消费者手中。这个过程分成了批发、零售、快递等环节，每个环节的受众范围不同，在这项商品销售过程中，分发中心收入没有商品主高，零售者没有分发中心收入高，快递没有零售者收入高。

杜克大学的阿德里安·贝扬教授提出了构型理论[①]，认为财富的分配本质上是物质的流动。经济发展的深度（流动血管的粗细）产生收入差异，流动分叉系统越精密，收入差距就越大。所以，经济越发达，收入差距就越大，恰恰是因为发达的经济分了更多层，每一层分了更多份，能把商品送到每一个角落去，就能给更多的人提供服务，同时养活了更多的人。

那么问题来了，如果抛开之前的所有理论和实例，单看上面的结论，你觉得区块链会让流量更加集中，还是更加分散？区块链会加大经济发展的深度和复杂度，还是会通

[①] 该理论认为：如果系统要想存活下去，那么它必须不断地调整自己的形态，让流量在系统内更好更顺畅地流动，而调整的方式就是把自己演化成像血管一样密集分布（于人体内）的形态。用于描述自然界中所有具备"流动性"系统的发展规律，包括市场经济等。

过去中心化来减小深度，扁平化层级呢？

答案可能是两极的：它会更集中，同时会更分散。集中是因为区块链数据在全网同步确认，有助于实现数据的快速流动，因此在消除信息不对称方面，像 Facebook 这样用户规模庞大的平台更具备优势。而在中间层级或许会更加分散，区块链提供灵活透明的合作机制，为小微企业和个体经济的蓬勃发展提供了可能。

4

区块链行业概览

4.1 "细思极恐"：再过 10 年比特币会怎样？还有人挖矿吗？

89%的比特币已被挖出，当 2040 年比特币产量缩小到每区块只有 0.1 比特币时，还需要这么多矿工吗？

经过了近十年的发展，比特币暂时实现了阶段性的使用共识——资产。无论是从金融工具的支持，还是圈内玩家的评价来看，把它列为资产，很难找到反对的声音。这也是比特币在现阶段被称为数字黄金的原因。

可是中本聪明明在白皮书里将比特币定义为点对点电子现金系统。怎么才发展了 10 年，就变成数字黄金了呢？

比特币自身产量下降将对生态产生怎样的影响尚未可知，竞争对手们"回归比特币白皮书初衷"的声音又不断响起，十年后，比特币将如何自处？

4.1.1 没有发生的预言

中本聪在 2010 年说："我敢肯定，在 20 年内，比特币的交易量要么很大，要么没有。"

比特币产量每四年减半，到 2140 年全部挖完。

这两件事有什么关系呢？

中本聪的那句话，要结合上下文来看，他说："在几十年后，挖矿的奖励会变得非常少，到时候链上的手续费将是矿工的主要收入来源。我敢肯定，在 20 年内，比特币的交易量要么很大，要么没有。"

然而，10 年过去了，就这期间的比特币发展趋势而言，再过 10 年，他所描绘的两种场景，极有可能都不会发生。

关于"No Volume"（没有交易量）的可能性，大家都不太相信。所以，问题主要集中在"Very Large Transaction"（大量交易）上。同时要注意，中本聪所说的交易，是在链上，而非链下。

我们前文提到过，2140 年左右，比特币基本挖完，届时，不能依赖系统产出，矿工该怎么活下去？按中本聪所言，依靠大量的链上交易手续费过活吗？

4.1.2 比特币与矿工的困境

在系统奖励完全消失或极少的情况下，矿工的主要收入来源从系统的出块奖励变成了交易手续费。然而，靠着这点儿手续费，矿工能活下去吗？

很多人说，手续费的价格只要超过矿机的成本就没问题，到时候比特币应该扩容了，链上交易会越来越多，比特币的价格也会足够高。

现在，我们一条条来分析：

- 比特币的扩容

经过多方多年的扯皮，依旧没有达成共识。2021 年比特币区块大小依旧维持在 1MB，平均一个交易的大小在 0.25KB 左右，也就是说一个区块只可以包含大概 1MB ÷ 0.25KB=4000 笔交易。最近的交易手续费是 0.0001 个比特币左右，4000 笔交易只有 0.4 个比特币左右的利润。如果区块依旧维持在 1MB 左右，又假定手续费不会像 2018 年底那样疯狂飙涨，那么矿工每区块的手续费收入，便只有区区 0.4 个比特币左右。

扩容何时才能成功？天知道！

- 链上交易数量

比特币被称为数字黄金，是一种价值存储，而不是电子现金。既然是价值存储，那么多数人对其的态度应该是"囤"，而不是"花"。

即便是"花"，那也多是买房、买车，或者至少用来交税（据《华尔街日报》报道，2018 年 11 月，美国俄亥俄州曾出台法案，允许商家通过用比特币交税，这一政策于 2019 年停止）。而用比特币来买菜、买咖啡的可能性，就现阶段来看比较小。

现阶段比特币的分布情况是：95% 的比特币控制在 2% 的账户中。这种多数人囤积、少数人用于大额支付现状，如何能使链上交易数量变得巨大？

你也许会说，比特币本身的交易量就很大啊！可是别忘了，现阶段交易平台的比特币只有充值和提现记录才上链，中心化交易所内的买卖主要由交易所记账，我们称为链下记账，或者在交易平台钱包内部划转，交易数据根本不牵扯链上。2030 年，以链上交易为主的去中心化交易平台，会全面取代体验良好的中心化交易平台吗？这个问题很难说。

- 比特币的价格

当然，若比特币的价格可以高到天际，例如 100 万美元一个，那么前面提到的两点都不是问题。在那种情况下，即便是 0.2 个比特币的打包费，也是一笔非常可观的收入，矿工依旧会争先恐后地提高算力，竞争打包。

问题在于，比特币到 2030 年飙升至天价的概率有多大？这个谁也无法保证。

知乎上曾经有人提出过类似的问题：比特币挖完以后，谁来付钱给挖矿的人呢？

有个许多人都认可的答案：即便在比特币价值不变的前提下（如闪电网络和侧链），这个事情也不必担心，届时会出现一个纳什均衡[①]。无区块奖励→矿工数量减少→单个矿工收入增加→矿工不必收取高额手续费。毕竟，除了挖矿，还有手续费，以及不少联合挖矿的侧链、项目等也会给矿工带来额外的收益。

这个答案看似没什么问题，却忽视了一个很重要的问题，那就是虎视眈眈的BCH。

因为比特币扩容共识失败，激进的一方希望用大区块来解决比特币交易确认时间长和交易费用高等问题，并在 2017 年从比特币源码中分叉出了比特币现金 BCH。作为

---

① 纳什均衡是博弈论中的概念，简单定义如下：对于每个参与者来说，只要其他人不改变策略，他就无法改善自己的状况。纳什证明了在每个参与者都只有有限种选择并允许使用混合策略的前提下，纳什均衡定存在。

BTC 的"儿子"，BCH 的核心机制与比特币一模一样，也是发行量每 4 年减半，在 2032 年系统出块奖励降至 0.78 个 BCH。而更关键的是，BCH 和比特币采用了同样的算法机制，矿机可以在两个币种之间随时切换。

到 2030 年，BCH 的区块大概率会是 128MB 甚至更大，一个区块所包含的交易会是比特币的数倍甚至数十倍。而且只要 BCH 不"死"，BCH 和它在 2018 年 11 月分叉出的 BCHSV 所用的就都是中本聪所描绘的"电子现金"系统。所以和以价值存储为主的比特币相比，BCH 链上的交易数量届时应该会高出至少一到两个数量级。

倘若真如此，严重依赖链上交易数量以赚取打包费的矿工们，是否会将多数算力用到 BCH 而非比特币上？届时，BCH 和比特币的地位和价格，是否会反转？

4.1.3 路在何方

就当前状况，不妨大胆做以下猜想。

• 金融工具

正如前文提到的，若只依靠资产转移诉求来支撑比特币的交易，前景并不明朗。但比特币作为加密货币界的老大，或将是最先上线各种金融工具的币种。届时，以实物结算的期货，会带来相对频繁的转账诉求，同时带来币价的升高。

• 战略资产

随着区块奖励金额的不断降低，矿工逐渐失去暴利。在不考虑 BCH 的前提下，的确会慢慢达到纳什均衡的状态，从而将挖矿成本与收益比调节到一个合理的区间。

但很多东西是否存在，并不只取决于这个东西是否有暴利。例如做传统的幼儿园，每年只有 6%~7% 的利润，但风险偏好低的传统投资者仍会热衷于此。

未来，年化矿工费可能只有 10%~15%。但如果各个国家都认可比特币的价值，将其作为一种重要投资标的，那么比特币相对于很多重量级资本而言，就是非常稳定的投资。挖矿成本这件事，就不再那么重要。

- 侧链

若未来比特币有了很多侧链，那么比特币或将转型为一个结算层。如果比特币挂载了很多侧链处理大量的结算，那么总的交易数量将相当可观，毕竟比特币现阶段的安全性依旧是最高的。所以，将来挂载很多条侧链也毫不意外，也许 10 年后，我们会看到一个完全不同的比特币。

- 扩容

虽然扩容问题几经折腾，都以失败而告终。但过去没成功的，并不代表将来不会成功。2030 年，比特币的区块会依旧维持在 1MB 吗？

或许在未来某个关键的时间节点，比特币会扩容成功。届时，或许会有越来越多的人把比特币当作既可囤、又可花的"数字黄金"，一如几百年前，人们对待黄金的态度一样。或许未来会有越来越多的人拿比特币做一些不需要即时验证支付的事，例如交税、买车、买房、资产抵押等。

林迪效应中提到，对于不会自然消亡的事物，生命每增加一天，则可能意味着更长的预期剩余寿命。比特币作为寿命最长的加密资产，在不确定中诞生，也将在持续面对不确定中走出自己的发展之路。

4.2 区块链媒体和娱乐走向何方

你是更关注真相，还是更关注感受？

2021 年，特斯拉刹车失灵维权事件受到了社会各界的关注，在最敏感之际，有自媒体称，百度百科上特斯拉全球副总裁"陶琳"的词条被修改，陶琳在央视、百度、人人网工作的经历被删除。百度百科立即对此发表声明，强调每次修改都会留存历史版本，并采用区块链技术存证。如图 4-1 便是一次修改的链上数据。

在你对区块链的数据记录方式略有了解后，再来看这一针对百度百科的指责，估计就会有一种瞬间真相大白、争论可休之感了。

图 4-1

4.2.1 虚假新闻泛滥，内容版权无序，区块链有解吗

《2017 年中国网络媒体公信力调查报告》指出，虚假新闻名列网民最反感的五大类新闻形态之首。随着互联网的发展，信息传播的主要途径从报纸、电视等传统媒体过渡到微博、微信等社交平台，自媒体蓬勃发展。人们更容易接收到丰富的资讯和不一样的声音。

正如公司的存在不仅仅是为了生产和销售产品，还有创造需求的重要功能。媒体作为信息传播资源的载体，也是一种商业形态，当然也就存在商业诉求。因此，如果媒体没有约束，便容易出于各自立场"夹带私货"，在报道时出现偏颇的情况。有时，一个标题便能引发极端的舆论效果。

美国前总统特朗普因活跃在推特上，被戏称以推特治国，他却表示此举并非出于个人喜好，而是因为这是对抗不诚实不公正"媒体"的唯一途径。这些不诚实不公正的"媒体"通常被称为假新闻媒体（Fake News Media）。虚假的和不存在的消息正被越来越多地使用，许多故事和报道纯属虚构！

随着互联网的发展，技术成为社会进化和变革的主要动力。区块链在信息不对称的情况下，无须第三方便可快速保存真实有效、难以被篡改的数据。如果媒体发布的信息可以被记录在区块链上，通过区块链追溯虚假信息的源头，同时保护优秀内容的版权，那么无疑是对新闻内容和传播的最有效监督。

4.2.2 可保障媒体公信力的区块链，为何实际应用寥寥

1. 传统媒体、社交媒体缺乏动力

先来看看哪些媒体已经开始使用区块链技术。

截至 2021 年，几乎没有传统媒体使用区块链技术对内容进行监管和保护。

那新媒体的情况如何呢？

当前，信息获取的方式日益碎片化，在流媒体技术的加持下，人们越来越追求在几秒、十几秒中便可获得感官愉悦，这让社交媒体的信息具有新、奇、特的特点。

美国的皮尤研究中心在 2017 年发布的一份对 4971 名美国成年人的调查报告显示，67%的调查对象会通过社交媒体来获取新闻；在中国，艾瑞咨询在 2017 年发布的报告显示，70.2%的受访者表示会通过社交平台获取新闻，这个数字仅次于通过新闻客户端/网站获取新闻的 87.2%，远远超过了电视的 41.4%和报纸的 7.3%。

这从侧面佐证了一个事实：区块链技术的确可以保障媒体的公信力，但难以通过内容有效性提升媒体的商业价值。真实客观的报道本就是媒体的义务，在互联网已经可以满足媒体内容要求的前提下，如果没有实质的增值效果，媒体很难有应用新技术的动力。

2. 区块链经济模式的验证尚未跨越基点

那么利用区块链发行平台 Token，通过内容创作和打赏进行流通，并实现平台增值的激励机制，是否有效呢？

一家名叫 Decentralized News Network（DNN）的新闻网站通过使用区块链技术，利用代币和匿名机制构建了一种新的激励模式。在 DNN 上，任何人都可以提供新闻报

道，但必须先使用与以太坊价值挂钩的 DNN 代币来购买写作权。当作者提交的内容通过审查、确定真实性并发表后，创作者才可以收回自己的代币，并将根据文章所产生的点击量获得额外的代币奖励。同样，进行审查的用户也需要提供代币进行抵押，任何用户都可以"出价"来申请审查一篇文章，7 个出价最高的竞标者将会共同对这篇文章进行审查，他们将根据 DNN 的编辑指南对文章的真实性进行评估，并提出自己的意见。当文章获得了明显的多数票时，将被自动发表，评审员也将获得一定的代币来作为奖励。同样地，读者也可以通过评论或参加相关的活动来获得代币。

在国内，先后也有天涯、简书等新兴平台试行了类似的机制。

2018 年 7 月，天涯引入区块链代币天涯分（Tianya Token，TYT），用来奖励原创内容和对社区活动的参与，总量 90 亿，持有者可用其兑换特权或虚拟商品。同年 10 月，简书推出了类似的简书钻。3 年后，天涯分和简书钻的使用情况似乎并没有预期乐观，成为其内容平台流动的有效激励。基点尚未跨越，效果仍然有待观望。

区块链作为技术手段，可以成为百度、腾讯这类超级互联网平台和技术巨头的工具，而难以成为媒体的心头好。

4.2.3 商业价值提升是关键，NFT 可能成为解决方案

一个不争的事实是，在网络效应下，互联网应用呈现赢家通吃的局面，用户规模、收入都向细分领域的头部应用集中。而媒体作为离互联网最近的行业之一，仅以平台发布 Token，通过内容创作激励 Token 流通，从而实现平台价值提升的闭环为经济模型难以实现从 0 到 1 的跨越。在找到有效的突破点之前，媒体需要维护好自己的生态。

能被人们高频使用的媒体无一不是如此，微信朋友圈基于好友社交需求，微博更多基于陌生人社交，得到则基于小社群的知识付费。

媒体早期生态的构建和区块链没有直接关系。不过，随着区块链技术的自我进化，特别是 NFT 的出现，给媒体提出了新的发展思路。

2021 年 3 月初，Twitter 创始人杰克·多尔西（Jack Dorsey）宣布，他将出售 Twitter

有史以来的第一条推文：他在 2006 年 3 月 21 日发布的帖子，上面写道 "Just setting up my Twitter."（只是在设置我的 Twitter。）

这条发布于 15 年前的 5 个英文单词，在虚拟拍卖一天后，最高出价达到了 250 万美元。

只是一条能被任意复制粘贴的电子文本而已，何以卖出如此高价？排除炒作原因，关键是杰克·多尔西用区块链技术创建了一个标记版本的 Twitter，从而为这条有意义的推文创建了无法复制的数字所有权。

在 NFT 出现之前，无法复制的规则只适用于实物世界，如一幅毕加索的画、一颗 3 克拉的钻石，从来不会是网上可被任意复制的文字和图片。有商业价值的数字作品便有了产权保障，交易流通也有了可能，独家新闻、虚拟门票、数字音乐、数字图片，所有可以限量出售的数字产品，以及更多我们还没有见过的数字媒体，也将伴随独特产权而生。

这时，我们才可以说，媒体业或将因区块链而不同。

4.3 低调无声的钱包，或将是区块链流量争夺的下一个主战场

区块链行业的流量红利，将流向哪里？

随着加密平台热度的攀升，相关应用的下载量也水涨船高，尤其是交易平台和钱包应用。应用情报创业公司 Apptopia 的数据显示，2020 年全球加密货币相关移动应用按下载量排名前 10 位的分别为 Coinbase（790 万）、Crypto.com（550 万）、Binance（460 万）、eToro（410 万）、Blockchain Wallet（380 万）、Trust（370 万）、BRD Bitcoin Wallet（330 万）、Luno（220 万）、Bitcoin Wallet（190 万）和 Coinbase Wallet（180 万）。

交易平台和钱包是离虚拟资产最近的两个产品：交易平台盈利模式清晰，甚至充当了银行的角色，赚得盆满钵满；而钱包，由于没有清晰、稳定的盈利模式，并不赚钱，比较尴尬。

那你可能问，钱包不赚钱，为什么还会成为热点呢？钱包现在不赚钱，并不代表之后不赚钱，例如，2020 年开始大热的 DeFi，让去中心化钱包成为第一入口。而且钱包离钱更近，支付宝就是个很好的例子。

那么，未来钱包主要的盈利模式会有哪些呢？现阶段来看主要有以下 3 种：交易、引流、广告。

4.3.1 交易

交易平台的盈利模式非常清晰，收取手续费，旱涝保收，"有追求"的钱包肯定也会挤进来争夺份额。现阶段，中心化交易平台的大部分市场份额基本被几家龙头占据，没有特殊的事件发生，没有绝妙的创新模式，想撕开一个口子闯进去占据一块地盘，基本是不可能的。

中心化交易平台的市场不好进入，那么去中心化交易平台呢？目前，去中心化交易平台竞争日趋激烈，但仍然还处于快速发展中，只要用户体验好、迭代速度快，肯定能占据一定的市场份额。

当然，交易平台不仅仅有交易功能，还可以有去中心化的合约交易、借贷、理财等功能，这些都是非常赚钱的盈利方式。

4.3.2 引流

钱包是区块链世界的入口！

在区块链发展的最早期，除了比特币，没有其他产品，不存在入口的问题。但现在不一样了，钱包、交易平台、DApp 等产品慢慢丰富起来了，逐步建立了自己的生态，急需一个像微信一样能够一键登录其他网站、App 的入口。

现阶段，钱包正在充当这个角色，通过钱包可以方便快速地进入其他区块链应用，如通过 API 授权登录中心化交易平台；通过授权直接用钱包地址登录去中心化交易平台；通过授权登录 DApp、App。

这样看来，钱包就如同一个超级平台，通过给交易平台、DApp、App 引流，可以实现流量变现。

你可能会问，这个入口为什么是钱包，而不是行情软件呢（这里指不带钱包功能的行情软件）？

没有钱包，也就没有币，那怎么给去中心化交易平台引流，怎么给 DApp、App 引流呢？这里的引流引的是币流。没有币，只把人引过去了，意义不大，而且没有钱包地址也无法授权登陆去中心化交易平台和 DApp。

那为什么不是交易平台呢？交易平台有资金呀。这是因为，交易平台不太可能给其他交易平台、DApp、App 引流，把自己的用户和币引走，毕竟，交易平台不是慈善家。

4.3.3 广告

广告是世界上最成熟的盈利模式之一，钱包是区块链的一个入口，钱包当然要上广告了。

广告的推送形式有两种，一是页面直接推送广告，二是向用户账号地址转币，备注广告信息。EOS 地址就能经常收到空投的广告，成本极低，一个地址的空投成本不到 1 分钱。由于 EOS 账号的创建是需要成本的，一旦创建，就基本不会废弃，不像 ETH 账号，可以免费创建，产生了大量的废弃地址。因此，EOS 地址的广告投放非常精准。然而，从实际情况来看，这种方式的推送效果并不好，广告会被作为垃圾邮件处理。钱包可以考虑与一些靠谱的项目方联合投放，在广告上"加 V"会更有可信度，广告的转化率会更高。

未来，钱包大战一定会爆发，究竟谁会胜出，我们拭目以待。可以肯定的是，只有坚守使命、注重用户体验的钱包，才会胜出。钱包的使命包括保障用户资产的安全，使用户的资产能便捷地流转。衡量一个钱具有好的用户体验的标准有以下几点。

安全：安全是对钱包的基本要求，钱包公司的用户规模和安全口碑至关重要，拥有外部权威安全审计公司认证的钱包，更容易得到用户的信任。

易用：像使用微信支付一样简便，让老年人可以直接上手。

多链：常用的、用户最多的主流币种一定要支持多链，这样才能吸引更多用户。

丰富的使用场景：用户可以非常方便地在各种生活场景中使用、体验钱包。

4.4 监管：拥抱监管，服务实体经济是区块链行业发展的必然

虚拟与实体势必走向融合。

2021 年 4 月 14 日，美国加密货币平台第一股的 Coinbase 在纳斯达克交易所挂牌上市，代码为 COIN，市值一度突破 1000 亿美元。业内人士认为，这一事件意味着 Coinbase 将受到 SEC（美国证券交易委员会）的认可和监管。

区块链行业发展了 10 余年，在打造了无数的暴富神话，酿造了不少的跳楼惨剧后，终于迎来了多个里程碑事件。

① Coinbase 于 2021 年 4 月正式在纳斯达克挂牌上市。

② 2021 年初，我国法定数字货币 DECP 开始在北京、深圳等城市试点发行。

③ 美国国会 Libra 听证会，以及随后的参议院银行委员会针对区块链召开听证会。

在区块链行业，这些事件的意义可以说相当重大。这意味着，区块链终于正式进入了"顶级权力机构们"的视线，随之而来的一定免不了"合规"与"监管"二字。

现在的区块链行业有两种论调，一种是拥抱监管，另外一种是逃离监管。原因有很多，有的是仓位决定言论，有的则是为了自己的理想甚至信仰，也有人事不关己高高挂起，或是人云亦云。

那些支持的人，他们在想什么？

哲学上——区块链总要走出黑暗，走向光明

区块链被广为人知是因为比特币；而比特币被广为人知是因为比特币那夸张的涨幅；比特币夸张的涨幅，则是因为暗网的"丝绸之路"。

一个比特币的价格从 2010 年的 0.00025 美元涨到 2011 年的 31 美元，只用了 1 年多的时间，而"丝绸之路"上超过 2 亿美元的交易，都是通过比特币完成的。

虽然现在看起来，比特币似乎已经走出那段黑暗的历史，走向主流人群，但在暗网，比特币依旧是排行第一的"通用货币"，比特币依旧一只脚在光明，一只脚在黑暗。没有比特币就没有区块链，比特币不挣脱黑暗，区块链就难以走向彻底的光明。

从这个角度来讲，不管 CSW 是不是中本聪，至少他和中本聪的高度是一致的，那便是对待合规和监管的态度。CSW 最近两年发表过无数文章和博客，表示比特币是行走在阳光下的货币，也积极欢迎国家对其进行监管。

回顾历史，2011 年维基解密宣布支持比特币捐赠，当时社区一片欢呼，消失已久的中本聪却在论坛发帖警告这不是一个好信息，一向温和的他一反常态，用了相对激烈的言语，暗示阿桑奇不要接受比特币捐赠。一周之后，中本聪便彻底"消失"在这个世界。

应用上——想要区块链走进千家万户，合规与监管是必然

2017 年至今，听说过比特币的人的确是多了很多，而拥有比特币的人只是多了一点。

除了交易平台软件与钱包，大多数人的电脑或手机上，似乎并没有装过什么真正的"区块链 DApp"。这应了那句话：技术总是在短期内被高估，在长期却被低估。区块链，这个号称"改变人类生产关系"的技术，仍然处于蓄势待发阶段。

要对人类的生活产生"重大影响"，就必须走进千家万户，而要走进千家万户，无论是从哪个角度，金融、游戏、内容分发、溯源……现阶段都看不到任何不合规，或是不接受监管的可能性。

若是将来在以太坊上刻字，或是在 IPFS 上搭建去中心化视频平台，有人肆意地上传恐怖主义言论及儿童色情，那么我们有什么行之有效的方法去阻止或是过滤这些东西吗？如果所谓的"公链"完全无法应对这样的场景，那么你又怎能期待他们可以改变我们的生活？

个人利益上——也许再难有百倍千倍的暴涨，慢慢会趋向证券与股票市场

每一个进入区块链世界的人，都有着不同的身份和角色，例如项目方、媒体、交易平台、机构等。但人数最多的，也是绝大多数人能够参与区块链的方式，只有一种，那就是投资。

这个圈子诞生了无数的暴富神话，很多刚刚进入这个圈子的人心潮澎湃，觉得下一个暴富的会是自己。

在这个行业待久了，会觉得股票市场太无聊，每天只有几个小时的交易时间，周末休息，还有涨停跌停限制。而区块链行业全年无休，没有涨停跌停，现货一天可以涨好几倍，期货更是可能分分钟"暴富或归零"，1CO、1EO、1DO、锁仓、分红、回购、销毁等玩法层出不穷。

2018 年的超级熊市，让很多人看清了事实。很多的暴富神话，是由于幸存者偏差导致的，很多你不知道的倾家荡产的投资者，只能默默地把苦水往肚子里咽，甚至从楼顶纵身一跃。2018 年，有太多的空气币归零，太多的代投跑路，太多的项目方破产，太多的交易平台倒闭。

也许，在拥抱监管之后，不会再有这么多新项目分流资金，不会再有百倍千倍币诞生，不会再有这些一夜暴富的传奇。但同样，也不会有这么多无良的空气币和项目方，不会再有一夜归零的恐惧，不会再有那么多倾家荡产妻离子散的悲剧。这个圈子，会越来越像传统的股票和证券市场。对一些人的利益，会是损伤；而对更多人，则是保护。

那些反对的人，他们在想什么？

哲学上——人类私有财产神圣不可侵犯

反对监管的人，在心中有一个"乌托邦"。他们信奉自由主义，很多人有着加密朋克①的精神。

有一句话一度在网上流传得特别火："我们需要庆幸，中本聪发明了比特币，人类历史上第一次用技术手段实现了私有财产神圣不可侵犯。对于私有财产的保护，不再需要依赖武装力量和法律，只需私钥在手。"

甚至基于此，有人推导出了另一个问题："公钥密码学在数字货币中的应用，极大地改变了几千年来约束人类社会的社会契约：个人需要国家保护财产，而国家需要个人为其继续存在提供资金。人们不禁要问，如果保护财产是一个国家的主要功能之一，那么它的作用和权力会在数字货币的世界中被明显削弱吗？"

从哲学意义上来讲，自由主义与密码朋克有着对于乌托邦的向往，充满叛逆精神。这样的人，在很多人眼里，是英雄般的存在。

因此，合规与监管对他们来说是嗤之以鼻甚至是不屑一顾的。毕竟"去中心化"这个词，天然便与合规监管矛盾，否则当年盛行一时的 BT 下载也不会逐渐没落。

不过，这里有一个问题：你抄在纸上的私钥恰好被你的邻居看到，他声称你钱包里的比特币是他的，这时，你该怎么办呢？你会诉求传统的监管机构，例如警察或是法院来处理这件事吗？

应用上——颠覆公司这种组织形式，无须监管，以 DAO 的形式存在

2018 年，币改、链改、通证经济风靡一时，三点钟无眠区块链群的讨论②传遍了整个行业。这些讨论认为区块链对于人类生产关系的最大改造，便是颠覆了公司这种组织形式。

CSDN 副总裁孟岩在《我的区块链第一性原理》中这样说道：

---

① 加密朋克指用密码学来应对监管，出自朱利安·阿桑奇的《加密朋克：互联网的自由和未来》

② 2018 年由多名投资界人士参与建立，输出"区块链革命即将到来"等观点，吸引了广泛关注，后随着区块链行情冷却于 2019 年初沉寂。

"今天，我们拥有了一种基于经济激励的新手段，就是基于价值互联网的可信任的价值、共识载体——通证，它可以进行全网范围、大规模的人类强协作，这是以前人类社会没有经历和见识过的东西。如果我们以通证为基础建立一个新模式，可能就意味着现在大家所熟悉的、已经流行了近五百年的公司体制要面临转型，甚至被颠覆、解体。

因为区块链，尤其是公链技术根本就不是帮企业解决问题的。区块链说白了是对传统公司体制，甚至传统公司思维的一种解构、颠覆，现在企业的协作模式要在区块链里得到很好的应用是不太可能的。"

如果这条原理成立的话，那么当前所谓的"合规"与"监管"也许便不再适用。毕竟，绝大多数的监管与规章条例，更多是针对当前的公司与企业，而非个人的。当公司这种形式不再之时，监管的对象在哪呢？

个人利益上——个人隐私、匿名交易、洗钱、逃税

Facebook 5000 万用户信息被泄露①的事情依旧历历在目，这些互联网界当年的屠龙勇士，很多已然变成了恶龙。

区块链带来新的希望，掌控私钥，不单单是掌控个人财产，更多的是在密码学的保护下掌控个人数据。届时，"你的数据你的隐私均由你做主"不再是一句空话，而一旦监管介入，这句话便可能打折。

有光的地方，便有黑暗，在当前的区块链世界里，匿名交易洗钱等服务依旧横行，即便是普通的投资者，很多也会有逃税的心理。要知道，在西方国家，股票等投资收益要交不少税，比特币等加密货币投资则很容易避开监管，将收益全盘纳入囊中。这也是2019 至 2020 年美国国税局把对于加密货币征税一事作为重点的原因。相信无论是出于哪种心态，投资者都很难真心欢迎监管的到来。

而对于交易平台、机构、项目方等这些掌握或制定规则的人来说，监管同样是他们

---

① 2018 年 9 月 28 日，Facebook 遭遇重大安全漏洞，泄露了 5000 万用户的数据。数据泄露始于2017 年 7 月，并于 9 月 16 日被发现。

所不希望看到的，毕竟，越是规则缺失的蛮荒之地，对于这些"头部玩家"来说，便越有利，作为既得利益者，又有几个会喜欢那些对自己不利的条条框框、法律法规呢?

两个观点

虚拟对现实的挑战，区块链不是第一个，互联网给传统世界带来的冲击并不比虚拟货币小，经过十余年，互联网既顺应了个体自由的发展，也成为社会治理和发展的助力器。区块链及其带来的虚拟经济走向合规与监管，是大势所趋。

1. 从卢梭的社会契约论角度来看，国家权力是公民让渡其全部"自然权利"而获得的。他在《社会契约论》中写道："国家权力无不是以民众的权力（权利）让渡与公众认可为前提的。"区块链会打破这种权利的让渡吗? 如果不会，那么这个基础依旧牢不可破，合规与监管，是必然之事。

2. 有文明以来，这个世界的主流社会形态自始至终都有政府，也都有法律。强行对抗两个可能永远不会消失的事物，最终的结果就是自己消失。自由主义或是密码朋克也许会盛行一时，但终究不是长远之道。拥抱监管，才是长久之计，虽然听起来，这没那么"区块链"。

4.5 量子计算机会成为加密货币的威胁吗

量子计算机并不是对所有问题的运算速度都超过经典计算机，而是只对某些特定问题的运算速度超过经典计算机。

继 2019 年谷歌发布"悬铃木"量子计算机之后，2020 年 12 月 4 日，中国科学家构建了量子计算机原型"九章"，其运算速度是前者的 100 亿倍。2021 年 2 月 8 日，国产量子计算机操作系统"本源司南"发布，量子计算机惊人的运算能力再次刷新了人们的认知，中国成为第二个实现了"量子霸权"的国家。

"量子霸权"又被称为"量子优势"，指量子计算机相比于现阶段的计算机具有碾压性的优势，在未来的某一时刻，功能非常强大的量子计算机可以完成现阶段计算机几乎不可能完成的任务。

"九章"处理"高斯玻色取样"的速度比现在最快的超级计算机快 100 万亿倍。也就是说，"富岳"需要一亿年完成的任务，"九章"只需一分钟。这引起了不少加密资产持有者的担心，担心比特币等加密资产是否安全，会不会轻易被量子计算机破解？

这里先说结论：至少现阶段大家不需要担心，即便将来通用的量子计算机大规模出现，比特币也不一定会被"杀死"。

接下来，我们说说原因。

比特币用到的加密算法主要有两种：椭圆曲线数字签名算法（ECDSA）和散列算法（SHA256）。其中，ECDSA 主要用于私钥、公钥的生成；SHA256 主要用于公钥生成钱包地址，以及挖矿时的工作量证明（PoW）。

量子计算机会威胁到 ECDSA 的安全性。1994 年，数学家彼德·秀尔设计出了专门用来分解因数的 Shor 算法，足够强的量子计算机（硬件）加上 Shor 算法（软件），可以通过公钥破解出私钥。当然，量子计算机的这个破解过程也需要花费比较长的时间，况且量子计算机的发展也不是一帆风顺，刚开始的性能也没那么强大。

即便量子计算机足够强大了，也有办法保证比特币的安全：每次只使用一次性比特币地址。这要感谢中本聪在设计比特币的时候，没有直接将公钥当作比特币的收款地址。在比特币的公钥和对应的地址之间，做了 SHA256 加密，而现阶段并没有可以有效破解 SHA256 的算法。

举个例子，大白的钱包地址里有 3 个比特币，需要给小黑转 1 个比特币，那么只要在转账的时候，将比特币的找零地址设为一个自己掌握私钥的、全新的比特币地址即可。这样，在转账的时候，1 个比特币进入小黑的地址，找零的 2 个比特币进入大白的新地址。在区块链浏览器上查询这笔交易时，可以看到大白转出的地址和对应公钥、小黑的地址、找零的新地址。由于转出地址用完即废弃，里面没有任何比特币，所以即使看到了公钥，用量子计算机破解出了私钥也没关系。

至于暴露的小黑收款地址和找零的新地址，由于量子计算机缺乏有效破解 SHA256

的算法，无法通过地址破解出公钥，所以是安全的。

那量子计算机会不会对比特币的"挖矿"产生影响呢？

之前，计算机的算力符合"摩尔定律"，计算机芯片的晶体管密度每 18 个月翻一番，算力增长一倍。但是近年来，晶体管的尺寸逐渐逼近物理极限，计算机算力的指数级增长在放缓，摩尔定律逐渐失效。量子计算机做到的只是大幅削减计算时间，它终究还是要花时间计算的。

前文提到，现阶段并没有可以有效破解 SHA256 的算法，所以利用量子计算机"挖矿"时，也只能和其他矿机一样，一个一个地找随机数去试，只不过量子计算机的运算速度更快。比特币有难度调整机制，可以通过调整难度对抗量子计算机的算力增长，还可以通过升级 SHA256 算法（如升级到 SHA384、SHA512），来增加挖矿难度。

需要注意的是，以上的讨论都是建立在"量子计算机已经非常成熟了，而且还价格低廉"的假设下。

现实的情况是，量子计算机还处于实验室阶段。谷歌研究人员也表示，谷歌的量子计算机只能进行单一的、技术性很强的计算，使用它解决实际问题还需要数年时间。中国科学技术大学微尺度物质科学国家实验室副研究员袁岚峰则进一步说明，量子计算机并不是对所有问题的解决速度都超过经典计算机，而只能针对某些特定问题，因为只对某些特定问题设计出了高效的量子算法。对于没有量子算法的问题，如最简单的加减乘除，量子计算机就没有任何优势。

魔高一尺，道高一丈，在量子计算机向前发展的同时，加密算法亦会持续进步。

在得到出品的《卓克密码学 30 讲》中，著名科普作者卓克就提到了对抗量子计算机的第七代加密法——量子加密。量子加密和其他加密法不同，不但使用了数学，还使用了物理中的量子理论。量子计算机也很有可能无法破解，因为如果破解了，就违反了量子力学的基本原理。

4.6 从自下而上到自上而下，各国法定数字货币展望

对比特币和区块链的疑云消散的同时，各国法定数字货币的推行变得紧迫起来。

Central banks are getting closer to issuing their own digital currency（离各国央行发行自己的数字货币越来越近了）。

——《华尔街日报》

作为 2015 年就被提出的概念，联邦储备币（FedCoin）一直被视为理论性假设，美联储相关人士也在不同场合反复确认并无发行 FedCoin 的计划。

谁曾想，Facebook 的 Libra 像块突兀的石子，一经推出便打破了原本低调平静的央行数字货币格局：在 Libra 所带来的倒逼压力下，各国央行相继公开发声表态发行法定数字货币，原先对此矢口否认的美联储也表示要重新考虑联邦储备币（FedCoin）。

根据国际清算银行的数据，2020 年全球约有 60% 的央行声称正在测试数字货币，其优点主要体现在简化跨境支付、普惠金融、稳定支付体系等方面。

不过，各主要大国的数字货币计划其实由来已久，Facebook 的 Libra 计划从某种程度上讲，更像是一针催化剂，倒逼各国央行的原有数字货币计划提速。

4.6.1 美国：即将迎头赶上？

作为全球区块链和数字货币监管的风向标，美国在数字资产衍生品方面一直动作不断，不过在数字货币领域，除了 2015 年提出的 Fedcoin，美联储一直鲜有表态。

"Fedcoin 能够赋予政府上帝般无所不能的权力"，维持数十年美元霸权的美联储对于数字货币所能带来的影响十分清楚，忌惮之余，更多的是把它作为美元霸权的助力，美国商品期货委员会（CFTC）前主席对此也毫不讳言："美国应创建基于区块链的美元数字货币，如果一再对数字货币避而不谈，那么美元的吸引力将被削弱。"

Libra 推出后，特朗普曾发推特评论其"几乎没有可靠性"，美联储主席鲍威尔的表态耐人寻味：对于像 Libra 这样的加密货币，美联储并没有完全的管理权限，相反，由于美联储"对支付系统有重大投入"，因此可能通过"国际论坛"对加密货币的广泛应用施加影响，不过其现阶段仍处于"婴儿期"（infancies）。

言外之意，无论是 Facebook 的 Libra，还是"联邦储备币"，美联储都会借助自身资源争取到对其的话语权和影响力，所以，在美元的地位被明显动摇之前，美联储怕是不会有更多动作。

Libra 在监管的压力之下不断收缩调整自己的愿景，而 2020 年以美元为核心的稳定币爆发式增长，则在另一种程度上接力 Libra 进行了"数字美元"的大规模实验。

美国正准备迎头赶上数字货币进度。2021 年 2 月下旬，美联储主席鲍威尔表示，公众将有望于 2021 年接触到美国的数字货币。不过美国对于发行 CBDC 仍处于早期的评估研究阶段，并没有确定具体的技术方案。

4.6.2 日本：监管友好，央行谨慎

作为最早对数字货币行业实现体系监管的主要国家，现在在日本设立加密货币交易平台是政策许可并受相关法律法规监管的。不过，这种繁荣更多的是企业层面——数字货币发行更多是企业、银行的自发行为。

运营日本最大即时通信应用程序的社交媒体巨头 Line 于 2019 年 9 月发布了虚拟货币 LINK 白皮书的 V 2.0 版本；日本最大银行 MUFG 计划发行其数字货币 MUFG Coin。

而在央行数字货币方面，日本政府和央行一直都是谨慎小心，并没有表现出太多的兴趣，2019 年 2 月 19 日，日本央行发布题为《数字创新、数字革命及央行数字货币》的报告，里面提到央行没有发行数字货币的计划。

Libra 推出后，日本金融界一片担忧之声，不同于之前认为发行法定数字货币"没有必要"的绝对论调，向来对数字货币持谨慎态度的日本央行总裁黑田东彦表示：未来央行将"关注加密资产（虚拟货币）作为支付、结算手段能否获得信任，对金融结算体

系将产生哪些影响"。

因为目前日本的非银行零售商开始提供各种在线结算方式，一旦 CBDC 由商业银行作为中介，则可能将业务和数据的所有权转移回银行业，从而排挤或干预私营企业。所以日本 CBDC 虽然计划于 2022 年晚些时候推出比较清晰的方案，但由于一直担忧会引发传统银行和线上运营商之间的竞争，因此对 CBDC 是否发行以及发行细节仍未给出明确说法。

4.6.3 欧洲：未雨绸缪，积极开放

欧洲对区块链和数字货币向来持开放态度。

被称为"加密谷"的瑞士楚格已成为以太坊等多种区块链的摇篮，当地政府也推出了以太坊区块链数字 ID 等计划。

马耳他在 2017 年 5 月将"区块链"定位为国家发展战略，旨在建立一座"区块链岛"，吸引了币安等一众行业头部公司入驻。2018 年 6 月，马耳他议会分别通过了三项关于加密货币、区块链和分布式账本技术（DLT）的法案。

在央行数字货币领域，欧洲也未曾缺席。作为世界第一家中央银行，英格兰银行早在 2016 年初便提出要发行数字法币，同年 8 月发表工作论文《中央银行发行数字货币的宏观经济学》，首次从理论上探讨了中央银行发行数字货币对宏观经济可能带来的影响，瑞典也随之公布了电子克朗计划。

自 Libra 推出后，欧洲主要的货币政策负责人亦相继做出表态，国际货币基金组织（IMF）原总裁、后任欧洲央行行长的克里斯蒂娜·拉加德在公共场合谈道："我们应当考虑发行数字货币的可能性。"

2019 年 8 月，前英国央行行长马克·卡尼在美联储年度研讨会上强调了当前以美元为主导的国际货币体系风险，并勾勒出一种替代方案——推出由多种国家货币支持的新数字货币。

德国财长强烈反对 Facebook 的 Libra，敦促政策决策者不要接受 Libra 稳定币等替

代货币。法国经济与财政大臣布鲁诺·勒梅雷重申了对 Libra 的批评，称他不能容忍 Libra 的存在，并称应考虑按马克·卡尼的提议，共同推出一种"公共数字货币"。

欧洲对央行数字货币的定位，可能更像是在美元体系下关于欧元（英镑）的补充加持，正如马克卡·尼所说，"美元不会一夜之间失去地位，（但）银行家们现在应该考虑一个后美元世界，而不是等待下一次危机迫使变革。"

2021 年 9 月 29 日，英国央行宣布了其 CBDC 技术论坛（CBDC Engagement and Technology Forums）的参与方，其中包括谷歌、万事达、Consensys，甚至还有 Spotify 等科技和金融领域的一些大公司。

4.6.4 中国：谋定而后动

在法定数字货币的研发上，中国毫无疑问一直处于领先地位。

"从 2014 年到现在，央行数字货币 DCEP（Digital Currency Electronic Payment）的研究已经进行了 5 年，从 2018 年开始，数字货币研究所的相关人员就已经在高负荷进行相关系统开发了，央行数字货币现在可以说是呼之欲出了。"2019 年 8 月 10 日，时任央行支付结算司副司长的穆长春（现任央行数字货币研究所所长）在第三届中国金融四十人伊春论坛上的这一番表态，从官方角度确认了中国的央行数字货币 DCEP 即将推出。

2014 年起，中国人民银行就开始了数字货币相关的研究。2019 年宣布将在深圳等地正式开始试点工作，2020 年试点规模进一步扩大到上海等 10 余个城市，中国人民银行前行长李礼辉表示："数字人民币目前已包含 2022 年北京冬奥会这个特殊应用场景，2022 年北京冬奥会也将成为数字人民币的试金石或转折点，我对此充满信心。"

4.6.5 更多的星星之火

在美、日、中、欧逐鹿格局之外，其他国家在央行数字货币方面也有或大或小的星星之火在孕育。

俄罗斯：普京接见 V 神后，俄罗斯官方于 2017 年宣布将要发行法定数字货币加密卢布（CryptoRuble），不过至今未有后续消息。

加拿大：加拿大央行的研究人员近年来发表了多篇工作论文，探讨中央银行发行数字货币对社会福利等方面的影响，据当地媒体 The Logic 最新报道，加拿大央行正在考虑开发一种最终完全取代法定货币的数字货币。

委内瑞拉：2018 年 2 月 20 日预售以来，作为绕过美国金融制裁的绝佳手段，石油币（Petro）从一开始就被寄予厚望，在委内瑞拉国内广泛使用。

"我可以直截了当地告诉你们，我们没有计划在任何具体的时间发行 FedCoin。"如今回过头来看美联储波士顿分部吉姆·库尼亚（Jim Cunha）在 2017 年的这番表态，我们会发现未来总比想象中来得快得多。而今，已然能看到远方"桅杆尖儿"的央行数字货币，在 Libra 的搅动之下，可能在加速向我们驶来。"

进入 2021 年，CBDC 的赛道越发热闹起来，全球共计有 83 个国家正在探索 CBDC，其中巴哈马成为第一个推出广泛可用的 CBDC 的国家，还有乌克兰、泰国、尼日利亚、委内瑞拉 4 个国家全面推出了 CBDC；中国、瑞典和韩国等 14 个国家处于试点阶段，并准备全面启动 CBDC。

4.7 领跑的 DCEP，我国数字人民币的发展

种种事件都在表明，我国的央行数字货币离我们真的不远了。

国际货币基金组织对央行数字货币（Central Bank Digital Currency，CBDC）的定义是"一种新型的货币形式，是由中央银行以数字方式发行的、有法定支付能力的货币"，央行数字货币在我国也称为数字人民币（Digital Currency Electronic Payment），即 DCEP。

2019 年年底，我国数字人民币（DCEP）相继在深圳、苏州、雄安、成都及北京冬奥会会场启动试点工作。2020 年 10 月，增加了上海、海南、长沙、西安、青岛、大连

6 个测试地区，测试场景覆盖了生活缴费、餐饮服务、交通出行、购物消费、政务服务等多个领域。

2014 年，我国启动对数字货币的研究。2016 年成立央行数字货币研究所。2017 年央行宣布在五年计划中推动区块链发展。2019 年 8 月穆长春公开表示 DCEP 已经呼之欲出，同年 9 月 DCEP 开始"闭环测试"，12 月基本完成顶层设计、标准制定、功能研发、联调测试等工作。2020 年，DCEP 在深圳、苏州等地内测，并逐步扩大到 10 余个城市。2021 年 4 月，人民银行宏观审慎管理局局长李斌在新闻发布会上称："数字人民币应用场景逐步丰富，应用模式持续创新，系统运行总体稳定，初步验证了数字人民币在理论政策、技术和业务上的可行性和可靠性。"

从启动研究至今，DCEP 已历时 7 年发展，过程不算高调，却也一步一个脚印，每隔一段时间就有新的信息传来，带起一波热度。但 DCEP 对大多数人来说仍隐身在迷雾中，十分神秘。

DCEP 的定位是现金的替代品，是一种具有价值特征的数字支付工具，"价值特征"指无须账户就能实现价值转移，就像我们平时使用的现金那样，不需要账户的存在。

所以如果有人问你 DCEP 是什么，那么你只要告诉他/她：DCEP 就是用于支付的数字化人民币。

那它和支付宝、微信一样吗？其实，它们之间存在着在明显区别。

第一，DCEP 是现金的替代，是法定货币，具有无限法偿性，任何人都不能拒绝接受。支付宝和微信虽然被广泛使用，但并非任何地方都能使用二者进行支付。

第二，DCEP 直接以央行货币进行结算，纳入央行的债务体系并受到保护。而支付宝和微信支付是以商业银行存款进行结算。如果有一天微信破产（虽然可能性不大），你放在微信的钱就只能参加破产清算，有遭受重大损失的风险。

第三，DCEP 能够实现"双离线支付"，使用 DCEP 进行支付并不需要网络，只要有电就行。而支付宝和微信在网络不好时没办法正常支付。

第四，DCEP 在支付时无须账户，因此在合法和监管的前提下，能够满足公众对匿名支付的需求。而支付宝和微信基于实名认证并关联银行账户，很难实现匿名支付。

正当 DCEP 内测信息满天飞时，2020 年 4 月 16 日，Libra 白皮书 2.0 版本发布，修改后的白皮书透露出向监管寻求妥协的信号，宣布将支持多种以单一法币为支撑资产的稳定币。Libra 是由 Facebook 为主导发行的一种比比特币更接近支付工具的数字货币，更像是一种稳定币。业内流传着一句话：DCEP 缘起于比特币，加速于 Libra。

是否言过其实我们先不讨论，但这种说法确实从一个侧面反映出 Libra 给我国主权货币体系带来的震动。其中的缘由或许能在二者的对比中一探究竟。

① 为什么发行？按照白皮书的规划，Libra 的使命是成为世界金融基础设施和实现金融普惠。通俗来说就是希望全世界都使用 Libra 进行支付（包括那些无法享受银行金融服务的人）。而借用央行数字货币研究所所长穆长春的话来说，发行 DCEP 的目的在于保护我国的货币主权和法币地位，并减少使用现金的成本。

② 如何运营？在运营上，Libra 采取的是从独立协会（由创始成员机构组成）到经销商、再到大众的模式。而 DCEP 选择了"双层运营体系"，上面一层是人民银行对商业银行和各类金融机构，下面一层是商业银行和金融机构对大众。

DCEP 采用这样的运营体系，一是为了充分利用社会和市场资源并调动其积极性，同时减小央行直接面对大众提供服务的压力；二是为了避免金融脱媒（即央行成为商业银行的竞争对手，最终损害实体经济）。

③ 选择哪种技术？Libra 虽然宣称自己建立在安全、可扩展的区块链上，但实际上它并非基于纯粹的区块链技术，而是一种中心化+去中心化的混合架构，底层是中心化的，结算层才使用区块链技术。

DCEP 与 Libra 一样是混合架构，但此混合架构非彼混合架构，央行在技术层面并不会干预商业银行和金融机构的技术选择，只要达到央行对支付技术在性能、规范和客户体验上的要求，原则上任何技术都可以被采用。

④ 来自 Libra 的潜在威胁。Libra 以一篮子货币作为背后资产储备所形成的价值体系，导致人们对其始终抱有两点疑虑：币值稳定吗？会冲击主权货币体系吗？虽然修改

后的白皮书中增加了以多种单一货币作为储备资产的稳定币，但原有问题能否被解决仍然是未知数，再加上 Libra 存在的洗钱和恐怖主义融资风险、监管缺失和用户隐私泄漏风险等问题，也难怪全世界都对其发展持谨慎，甚至是消极态度。

即便如此，Libra 的发展潜力也是巨大的。

Facebook 有 27 亿用户，只需小小的转化率就能赋予 Libra 惊人的体量，这样的体量在跨境支付和弱势国家货币替代上的潜力是我们无法想象的，未来 Libra 是否会成为超主权货币谁都无法预测。这也是我国要通过发行 DCEP 应对来自包括 Libra 在内的多方面的潜在威胁的原因。

理想的现金替代物

前面提到 DCEP 是现金的替代物，更准确一点儿说，DCEP 在继承现金属性和价值的同时，取得了便利性与合法性的平衡。

从便利性来看，DCEP 减少了现金在印制、流通、储存和携带等环节的成本，具备电子支付的优势，还能在一定程度上实现支付匿名。

从合法性来看，DCEP 与现金一样都要面对假钞（例如私自增发）、洗钱、逃税、恐怖主义融资等问题，同时由于 DCEP 匿名支付的特点，规避这些风险的难度还会更大。

针对这些问题，一方面政府会利用大数据技术加强对匿名支付的监管和识别，同时通过制度提高违法犯罪的难度和成本；另一方面，DCEP 的双层体系本身更有利于实施高效和精准监管，真正做到匿名可控。

随着 DCEP 的加速落地，大家最为关心的问题是 DCEP 如何投放、获得和使用。从现阶段落地情况来看，DCEP 是以数字化形式存在于数字钱包 App 中的。

DECP 正式落地后，如果通过商业银行渠道进行流通，那么商业银行要在央行开户并全额缴纳准备金，央行再向其发放数字货币。个人和企业下载钱包 App，注册后使用银行卡兑换 DCEP 就能进行支付，并且兑换和支付无须手续费。整个过程其实和现金差别不大，只是从具有实体的纸钞换成了数字货币。

至于未来 DCEP 的载体除了钱包 App，是否将成为在商业银行现有 App 或微信和支付宝中的一个功能模块，以及更多功能和技术细节还有待确定。

7 年时间的打磨对于 DCEP 来说，虽然不算短，却十分必要。正因如此，在 CBDC 的赛道上，中国或将成为一个值得借鉴的范例，当然在这之前，DCEP 还有很长一段路要走。

4.8 公司的消亡：分布式自治组织的萌芽和崛起

物竞天择，适者生存，不仅指物种，也指生产关系。

花旗银行首席执行官 JaneFraser 表示，预计当全球摆脱新冠疫情时，公司大多数员工每周只会在办公室工作三天。这份内部通知使花旗集团成为第一家宣布在疫情结束后不需要回办公室上班的大型银行。

2020 年之前，远程工作、弹性工作制，对绝大多数上班族来说还是近乎只有辞职才能存在的工作状态，可当疫情肆虐时，在线上课、在家办公、远程协作成为常态，在经历了短暂又混乱的适应期后，我们发现社会机器很快完成了自我调整，重新建立了秩序。

所以，当又开始朝九晚五时，你是否曾有刹那的恍惚：公司的运转只能如此，必须如此吗？

公司制在数百年历史中，不止一次面对过质疑和挑战，不过这一次，我们似乎看到了不一样的解决方案。

4.8.1 公司制是现代社会最伟大的发明

人类出现以来，97%的财富是在 0.01%的时间，即最近的 250 年内创造的。

——美国经济学家隆德

这 250 多年，正是市场经济机制和公司快速发展的时代。

对公司的最早记录可追溯到 2000 年前的古罗马，当时公司的组织形式主要为合伙制，并选举管理人经营业务。古罗马法律明确了个人财产所有权，将合作内容写进契约，这是公司出现和运转的前提和基础。

1494 年，复式记账经过约 400 年的摸索和发展，在意大利被正式提出，用来全面反映合作组织的经营状况。

17 世纪下半叶，随着工业革命的开始，符合现代企业制度的公司形式在英国出现。

19 世纪中期，股份有限公司作为制度被法律固化下来。清华大学经济管理学院院长钱颖一认为，公司最重要的 3 个特征是有限责任、投资权益的自由转让和公司的法人地位。法律的保障使得陌生人之间的合作成为可能，大大推动了市场经济的发展。

之后，公司相关的法律、财务制度便沿用至今。

不过，正如央视纪录片《公司的力量》中所说：作为财富的有效创造者，公司并不是一个好的分配者。

1929 年，以一家英国公司伪造股票、掩盖巨额亏损的事件为导火索，美国爆发了为时 5 年的经济危机，由于其严重性和影响的深远，这次经济危机被称为大萧条。在这场浩劫中，公司开始受到来自政府等外部机构的监管和约束。

4.8.2 区块链，重新定义公司的可能

公司制发展的前提条件已经发生了极其深刻的变化，它的底层架构却没有随之而动。

——《公司的黄昏》

即使在法律与监管较为健全的现在，上市公司账务作假仍屡见不鲜，经营过程的不透明、分配的不合理，以及在公司架构下，股东、员工、用户间存在的 3 边博弈问题，持续地消耗着社会资源，增加了公司的运营成本。

同时，随着时代的发展，个体的需求也在快速变化着，人们逐渐不满足于生活的温

饱，开始追求精神的富足。人们可以按照自己的意愿构建家庭生活环境，而作为绝大多数人第二生活环境的公司，它的组织形式仍然相对固化，与快速变化的个体需求间的矛盾也在不断增加。

公司制那些根深蒂固的问题，随着个体需求的变化，以及区块链等技术的出现，有了新的解决方案。

1. 账本 2.0：消除不信任

2018 年 8 月，雄安上线了国内首个基于区块链技术的建设项目资金管理系统——工程建设区块链信息管理系统。雄安新区所有与工程建设相关的资金申请、审批、拨付等工作都通过区块链平台来完成。雄安区块链实验室主任李军介绍，该平台已经服务了几千家企业、196 个工程项目、14 万农民工，累计拨付资金规模约 200 亿元。

在这个平台上，企业与总包商之间，总包商与分包商之间、分包商与施工单位之间所有的合同、票证等都上传到系统，所有的行为都会留下印记，接受监督。哪个环节出现了问题，大家都会一清二楚。

区块链结合数据库、智能合约、加密算法等技术可以实现在公开网络下记账，区别于目前的复式记账，数据一旦被记录便安全可信、难以篡改。这种记账方式也被形象地称为账本 2.0。

股份制被明确立法后，公司合作者从熟人扩大到陌生人，区块链进一步降低了信任成本，有可能进一步扩大公司的合作范围，取消对合作者数量的限制。

2. Token 激励机制和智能合约：价值的实时量化和及时兑现

成立于 2006 年的 Steemit，是最早的区块链新型社交网站，发行了名为 STEEM 的 Token。在这个平台上，作者可以直接面对读者，并直接获取稿费。可以通过发布优质的内容，来赚取 STEEM，也可以使用 STEEM 给他人发布的内容打赏。发布时不会进行内容审查，但内容会永久保存在链上，不可删除。如果抄袭别人的内容，那么由于文章是无法删除的，发表在 Steemit 上反而会成为最为不利的证据。赚到的 STEEM 可以卖出，也可以用来给别人点赞，或者通过转账送给他人。作为价值的体现，STEEM 可以交易或兑换为真实货币。

通过使用代币（tokens），像 ConsenSys 这样的公司已经在内部发行股份了，在无须监管方参与的情况下进行了股份的公开发行。你可以用合法的方式记录私营公司的所有权，并在区块链上将这些股份转让给其他人。你的股份证书将能接收到分红并被赋予投票权。你的新型"区块链网络公司（blockcom）"是分布式的，它不能脱离某个具体的辖区而存在，但你的股东可以位于世界的每一个角落。

3. 分布式自治组织：股东、用户、员工三位一体

区块链的数字经济中将出现新的协作关系——去中心化自治组织，它是通过一系列公开公正的规则，在无人干预和管理的情况下自主运行的机构或组织。在这样的组织中，可以将 Token 理解为股权，每个人可通过持有 Token 来成为项目的股东，分享项目收益、参与项目的运营和成长。

例如，一个翻译项目 DAO，通过智能合约明确项目治理分红规则，并发行 Token ABC。投资者投入法币作为成本并换回相应数量的 ABC，翻译需求方购买 ABC 来支付翻译服务费，翻译者完成翻译符合要求后立即可以收到 ABC 作为酬劳。翻译者可以卖出，也可以因为看好项目，将 ABC 保留下来等待升值。如果业务发展良好，投资者手中的 ABC 升值，那么他可以选择部分或全部变现。所有的操作都非常灵活。这是一个比较简单粗糙的 DAO 模式。此时，组织简化成只有投资者和工作者，消费者购买 Token 来消费。

管理者消失了，取而代之的是可以自动运行的程序，并且规则是完全开源、公开透明的。所有人都可以选择随时退出或加入，你只需要购买或卖出手中的 Token 就可以。这样的协作模式，会构建更简单有效的协作关系。

可以看出，在区块链提出的公司解决范式下，组织管理成本将有可能大幅下降，而个体的参与度和贡献将更为重要。

4.8.3 选择权

在区块链系统中，理性假设需要依赖其激励机制的设计，激励机制的设计又牵涉到权限角色所构成的生态，这个生态的设计其实就是一个小型的制度设计。

——《通证经济》

公司存在的本质是降低成本，获得利润，这也是公司制出现后始终能不断自我完善的动力。区块链提供了一种更有效率的组织机制，更需要参与者的智慧。其中较为有挑战性的问题包括激励规则的制定和调整，如何将参与者的行为与价值贡献挂钩，如何根据变化及时地调整和沟通？另外，就是共识机制的公平性和有效性，这是激励机制有效运行的保证。应该由谁来审核贡献行业的有效性和发放规则？是全体参与者还是随机挑选代表？民主有成本，平衡效率和公正，从来都是一门高超的艺术。

我们更需要看到的是，区块链模式下的组织形态，更容易显现个体的贡献，因此，越能提供价值的个体越容易成功。

区块链提出了不同于已有公司形态的组织机制，其可行性和有效性已得到验证，这一模式或将与传统公司并存。这是一种选择，也是一种自由。

4.9 预知互联网的未来是元宇宙，你能看到哪些机遇

一个新世界正在建设，这个偌大的工程没有图纸，只有方向，它的名字叫元宇宙（Metaverse）。

2019 至今的全球疫情是它被热议的时代背景，当网课、居家办公成为常态，越来越多的人适应甚至喜欢上在线生活，人们相信，一个更令人沉浸、更全能的虚拟世界呼之欲出。

Facebook 宣布了元宇宙的使命，CEO 扎克伯格发帖称："I believe the metaverse will be the successor to the mobile internet, and creating this product group is the next step in our journey to help build it."（我相信元宇宙是移动互联网的未来），Facebook 将在 5 年内转型成为元宇宙公司。

资本再次成为排头兵，2021 年元宇宙热点频出：元宇宙概念第一股罗布乐思（Roblox）在美国纽约证券交易所正式上市；字节跳动 50 亿人民币价格收购 VR 公司 Pico，游戏商 EPIC 获二次融资 10 亿美金并将其投向元宇宙方向。

他们将给我们带来一个怎样的新"未来"呢？

你未来可能生活在元宇宙？

元宇宙一词出于科幻小说《雪崩》，书中描绘了一个永久平行存在又独立于现实物理世界，并拥有自己的货币和经济的数字世界，奇妙如电影"头号玩家"里的绿洲。

如果绿洲与现实差异还过于遥远，有个现实场景是一位视频游戏设计师使用虚拟现实技术，把她带到了现实中无法访问的地方，为她重病的祖母在最后的日子里提供了安慰。

这和 Facebook 描述的场景更为接近。2014 年 Facebook 收购 VR 领军企业 Oculus 时，扎克伯格曾如此描绘：想象一下在比赛中享受球场边的座位，在世界各地的学生和老师的教室里学习，或者与医生面对面咨询——只需在家里戴上护目镜。通过感受真实的存在，您可以与生活中的人分享无限的空间和体验。想象你不仅能与您的朋友在线分享精彩瞬间，还可以分享整个经历和冒险。

这个侧写在暗示，你的现实生活会不断延伸，直至发展成在元宇宙一个化身，你在元宇宙中的所做所得、取得的学分和赚取的收入，也将具备实际价值。你在元宇宙里的外貌与身份，也将与现实世界同等重要。

4.9.1 元宇宙离我们有多远

不过，或许没有一个明确的时刻可以被称为实现了元宇宙，这是一个复杂而长期的过程，而且与 5G、物联网、区块链、云计算等几乎你所想到的技术几乎都有密切关联。虽然实现的具体时间存在不同说法，不过在五至十年后，基于科技的发展，我们会获得更明确的信号。

有个时间点可以为我们提供参考——VR 设备销售量过 10 亿的时间。

2017 年 10 月，在 Oculus quest 发行时，Facebook 乐观地预测，借助低价政策，到 2020 年 VR 设备的销售量将有望达到 10 亿台。显然这一目标尚未实现，但就像电脑普及率是互联网发展阶段的标识一样，VR 设备的销售量就好比元宇宙发展的进度条。

人们购买 VR 设备的最大动力，仍将是游戏、娱乐、社交作这类用户基数巨大的应用。也正是这些互联网的"尝鲜"者们，最先开始了新世界的冒险。

4.9.2 互联网巨头们仍然拥有优势吗

以"让世界更加开放和互联"为使命的 Facebook 最为高调。Facebook 收购 VR 设备公司 Oculus Quest 后，以低价策略跃居市场占有率第一位，同时宣称将开发能取代现在笨重的头戴式显示器的新设备。

显然，Facebook 希望占领元宇宙的先机，而令其他从业者担忧的是，借助用户基数和应用商店，Facebook 会像 Google 和 Apple 一样，收取高额的平台费。

最受关注的还是游戏领域，第一个将元宇宙写进招股说明书的 Roblox 公司，业内人员根据其 2021 年第三季度财报估计，其市值已超过 600 亿美金，在 4000 多万日活用户中，16 岁以下用户占比高达 60%以上。将现实中的演唱会开到游戏中，让歌手与数十万观众在游戏中上天入地的 EPIC 公司，也正在构建起虚拟引擎的技术壁垒，其《堡垒之夜》游戏的玩家账号数已达到 3.5 亿，月活数 8040 万。

其他的互联网大佬也早已进场，亚马逊 2014 年重金收购了国外最大的游戏直播视频平台 Twitch、腾讯入局 EPIC 和 Roblox……

包括这些巨头在内的很多从业者宣称，元宇宙由所有人共同打造，没有超级公司垄断。当信息不对称几近消失时，元宇宙的世界会更加丰富多彩，不过在具体应用或服务平台领域，却更可能出现一家独大的情况，互联网的发展已经充分说明了这一趋势。

4.9.3 更大的机会在哪里

在元宇宙新文化甚至是文明的形成过程中，这个数字新世界更多的机会，或许是对内容创造、工具和场景设计和制作的庞大需求。大量的小微企业，或者个人工作者将承担起与内容相关的工作。

比如，Roblox 的成功和它的内容生态密不可分。Epic 的 CEO Tim 也认为："在所有游戏里，它（指 Roblox）的现有经济模式是最强大的。这款游戏里有大量以此为生的内容创作者。Roblox 有着年轻且数量众多的用户，因此其循环体系的潜力不可小觑。在某种程度上，它很可能是未来分布式组织的缩影。随着效率的持续提升、合作对象的智能化（是的，我们合作的对象很可能是智能设备），现有的组织形式也将进一步从中心化走向分布式。

在《海星式组织》一书中，作者将中心化组织形容为蜘蛛式组织，将分布式组织形容为海星式组织，因为海星具备特殊的再生能力，把它的头砍掉，它也能存活，并且去掉的部分也将发展为新的海星，这种分布式组织在数字世界中被叫作区块链的分布式组织 DAO。它具有规则透明自由、执行准确高效的特点，合作形式也更加开放灵活。

在 DAO 中，合作规则、利益分配和交易记录以智能合约的形式保存在区块链中，不仅公开透明，而且一旦发布就不能被篡改；当规则生效后，由区块链代币经济保障规则的有效执行，比如，当你设计的游戏服装售出后，无须申请，收益会按约定比例自动划入你的代币账户；组织中没有明确的控制角色，知识和权力更加分散，成员间可以灵活交流、合作。

维基百科、电驴的出现和发展是分布式组织的最佳说明，在区块链中，由于代币经济模型的广泛应用，这样的实践将走得更远。

风投基础合伙人马修·鲍尔在 2018 年就详细讨论过元宇宙，他称"早期版本的元宇宙更简单，但基本元素将远远超出'游戏'的范畴。具体来说，我们会看到游戏中的经济（如交易、物物交换和购买物品）行为变得更像是一个人类真正'工作'的模式。"

在区块链经济系统中，NFT 将独立一无二地标识虚拟世界中的数字物品和数字资产，所有交易记录都保存在区块链上，购买和交易数字资产成为可能，数字世界的经济得以与现实世界建立连接。

NFT 提供了巨大的想象空间。2021 年 3 月，NFT 标记的美国艺术家麦克·温克尔曼的纯数字艺术作品"每一天"，以近 7000 万美元的价格售出。之后，NFT 被广泛应用，从数字头像到门票，从艺术品到虚拟土地，2021 年上半年，NFT 作品的销售额已由 2020 年的 1370 万美元激增到了 25 亿美元。

这些都为元宇宙新概念的炒作和投机提供了巨大的想象空间。如同其他新生事物一样，或许当资本热潮冷却时，才是元宇宙建设迈向实际的开端。

4.9.4　你能在元宇宙中做出更好的选择吗

现在，很多人的时间用在了互联网上；未来，更多人或许会选择生活在元宇宙中。

数据显示，有超过 40%的游戏玩家承认，他们出于逃避现实而沉迷虚拟游戏。如果元宇宙将融合现实和虚拟，那么真实的体验感可以让你更容易逃避现实，先进的工具和机制出能让你更具创造力。是用元宇宙来逃避现实，还是让自己更具创造力，这都取决于你自己。

元宇宙仍将是由消费者与生产者组成的世界，在元宇宙中，无论你的化身具有多么强大的功能，如果你只是消费者，没有考虑如何在其中体现和放大你的价值，那么你在元宇宙中的角色，大概率只能是你现实世界的投射。

5

如何迎接区块链时代的到来

5.1 人才稀缺，如何成为一名区块链工程师

2021 年区块链工程师的平均年收入为 15.45 万美元，约为同时期美国传统开发者年收入的 1.6 倍、网络开发者的 2 倍（美国在线就业平台 Ziprecuiter 统计数据）。

从 2018 年起，市场对区块链开发者的需求就居高不下，未能满足的需求又进一步推高了区块链工程师的薪资水平，使其显著高过了传统开发者的待遇，据全球统计数据库预测，全球的区块链解决方案开支将从 2018 年的 15 亿美元增长到 2023 年的 159 亿美元，不难预测，对区块链开发者的需求在未来几年仍将继续保持快速增长（数据来源：Ziprecuiter 统计）。

那区块链开发者的具体工作内容是什么呢？

从现在的招聘需求来看，区块链开发者的工作内容主要有两大方向：一是区块链平台的开发，例如以太坊这样的底层区块链框架；二是方向较为具体的区块链应用开发和数据管理，例如帮助公司、政府等组织应用已有的区块链技术。当然，不同开发者的工作职责和待遇差异非常大，初级区块链开发人员通常更多从事支持性的基础工作，例如调试、修复 Bug 等。

趋势在前，如果你对这一方向感兴趣，那么如何快速加入其中呢？现阶段你至少有 3 个选择。

5.1.1 科班出身，专业院校的区块链相关专业

对于很多现在高中或者大学在读的年轻人来说，这是一条最直接的路。从 2016 年起，国内大学本科开始陆续增加区块链相关专业，至 2018 年，招生院校的数量进一步增加到 12 个，学生经过 4 年专业学习，毕业后大概率可以进入区块链行业。不过，这些最早开设区块链专业的院校门槛都不低，这也说明这一专业的教育资源仍高度集中在一些优质院校中。

5.1.2 兴趣所致，线上和线下的专业培训

新兴行业刚开始发展的时候，最先带动的往往是相关培训的发展。区块链也不例外，早在各大高校还没正式开设这一专业时，便已经有了区块链大学，学期一年，毕业后提供相关资质证书。

2020 年以后，各大职业培训、慕课平台纷纷开设了区块链课程，Coursera 平台上已有多达 147 门与区块链相关的课程和上百万学员，普林斯顿大学、宾夕法尼亚等一流院校的课程更是广受欢迎，如果你英文较好，那么这可能是不错的入门选择。对于英文不好的，国内也有一些高校联合推出的线上课程可供考虑。

线上课程的优势是学习便利、学费相对低廉。不足也很明显：学习氛围不够，容易半途而废。因此培训时间相对集中、费用不菲的线下培训也是很多人的选择，对于很多人来说，线下更容易聚集资源，更容易实现职场目标。

需要注意的是，在行业发展初期，培训市场鱼龙混杂，需要慎重选择培训平台，专业程度和业内影响力均较高的师资，以及业内更为认可的资质证书是重要的参考因素。

5.1.3 跨界跃迁，从传统开发工程师转型

由于区块链的去中心化理念，区块链的开发逻辑和工具与传统的开发有着显著的差异，不过在整个解决方案中，和传统互联网开发团队类似，区块链工程师仍然需要和产品经理、架构师、前端进行密切合作。

当前，大量传统开发者转型从事区块链开发，而随着更易于传统开发者使用的区块链开发工具的推出，这一转型门槛也变得越来越容易，尤其是在百度、阿里巴巴、腾讯的区块链开发平台发布之后，区块链应用正在走向模块化。如图 5-1 所示的开放联盟链，企业可以通过模块化的配置，制定能满足自身需求的解决方案。

三步上链

1.开通体验或购买

控制台开通免费版体验，赠1亿开发燃料

2.业务和合约开发

获取私钥后，选择java等语言开发业务
套用合约模板或cloudIDE开发智能合约

3.接入业务端上链

使用集成SDK，连接业务端和链平台
应用发布上链，可对接服务市场/小程序

图 5-1

在这一趋势下，有开发经验又精通加密协议、以太坊的区块链开发者更有可能受到市场的追捧和认可。

不过，行业发展需要多种角色，区块链一样需要多个角色的支撑和服务，以便于与各行各业进行合作交流，开发者只是其中一环。我们完全有理由相信，作为一个以保护个体隐私和实现个体自由为使命的行业，区块链行业需要的是能为他人提供独特的价值的人才。

5.2 区块链越来越主流，普通人还有什么机会

想学会游泳，第一步是勇敢地跳进水里。

2018 年以前，区块链还是一个小众话题和晦涩术语，而在 LinkedIn 给出的 "2020 年公司最需要的十大硬技能" 中，区块链已列于首位。

趋势的演进并非匀速的，更有可能以递增的加速度发展。当你了解了区块链，希望等待一个合适的参与时机时，更有可能的是成为技术的旁观者。

区块链和互联网一样，是一种底层技术，普通人极少关心底层技术，却时刻都离不开它。一直没搞懂，一直在参与，对于普通人而言，未来的区块链技术也会是这样的。

区块链正在融入我们的生活，在还可以选择如何参与的现在，我们不妨一同畅想：普通人参与区块链的机会有哪些呢？

5.2.1 参考互联网时代的学习经验

学习行业知识，可能的话扎到这个行业开始创业，就像互联网刚出现时那样。

Token 只是区块链应用的一方面。普通用户可以利用区块链技术解决生活中的各种问题，例如信息保存、信息验证、价值交换，参与 DAO 协作组织等各种由区块链驱动的服务，商业用户可以开展利用区块链为用户溯源，基于智能合约的链上业务等服务。

互联网时代的学习经验具有参考价值，但区块链的时间红利不可能像互联网那么久，所以普通用户进入区块链的时机越早，越能够感受到这个行业的魅力。

块链行业是多样化的，需要各行各业的人才参与进来。要了解自己的长项，技术研究、学术研究、市场推广、商务合作、价值管理等专长都可以作为进入行业的突破口。进入行业后，再通过不断学习和实践来发扬专长、弥补短板。

可以关注以下几个行业方向：

一是传播者。能够将区块链的理念更好地传播出去，让更多人了解。并在同更多人的交流中凝结自己的思考，从而为行业带来创新。

二是技术从业者。依靠现有的编程知识或者通过学习成为开发者或组成开发者团体，通过开发应用、设计区块链系统，为整个行业做出贡献。

三是非技术从业者。例如产品经理和销售，从事各类区块链场景产品的实现和推广工作。现在行业领域人才缺口很大，掌握一定的区块链知识，就有加入的机会。很多项目在完成了基本开发，需要销售人才将他们卖出去，并把钱收回来。

5.2.2 区块链特有的参与方式

对于很多区块链早期进入者来说，使用矿机挖矿是最简单的参与方式。如果你相信未来十年区块链仍旧是全球最大的增长点，那么尽量让自己成为专业人才：加入行业顶级公司，或者具有筛选顶级项目的能力。

参与区块链的时机和方式可能要视未来的发展而定，就像早期互联网出现的时候，也并不是所有人都能参与，大多数人只是纯粹作为使用者，对于区块链也是如此。

6

人物小传

6.1 中本聪与不为人所识的幕后人物

比特币白皮书的最初版本出自中本聪（Sotoshi），此外，还有六位关键人物对比特币的诞生和发展也起着不可或缺的作用。

2009 年 1 月 3 日，英国泰晤士报头版发表了一篇文章，题目为《Chancellor on brink of second bailout for banks》（财长处于银行第二轮紧急求助的悬崖边缘），如图 6-1 所示。彼时，金融危机的阴影尚未散去，各国政府还在小心翼翼处理经济问题。刚刚过去的一年多时间，可谓惊心动魄。

图 6-1

这场始于 2007 年的次贷危机，逐渐演变成全球性金融危机，甚至被认为是 1929 年大萧条之后最严重的经济危机。为挽救这次危机，各国政府最终不得不出手救市。

2008 年 9 月 28 日，美国财政部长保尔森提出 7000 亿美元救市计划；10 月 30 日，日本政府公布一揽子总额 26.9 万亿日元（约合 2730 亿美元）的经济刺激方案；11 月 9

日，中国政府出台了投资规模达万亿元的扩大内需、促进增长的十大措施；欧洲各国和其他国家的一致经济刺激政策也密集出台。

那这些救市的钱是哪来的？答案是：印。各国的印钞机纷纷开动，加紧印钞。全民为金融机构的贪婪买单。

6.1.1 中本聪与亚当贝克

当时，有很多人批评这种全民买单的方式，有人开始行动想改变这种局面，中本聪就是其中一员。

2008 年，中本聪开始着手撰写比特币白皮书。

一开始他给英国密码学家亚当贝克（Adam Back）发邮件，询问关于哈希现金（Hashcash）机制的一些疑问。Adam Back 向他推荐了另一位密码学家戴维（Wei Dai）及他名为 B-money 的加密项目。中本聪研究了 B-money 之后，于 8 月 22 日给戴维发去了邮件，如图 6-2 所示（邮件大意：读了你关于 B-money 的论文，我很感兴趣。我准备发表一篇论文，这篇论文把你的想法拓展成了一个完全可行的系统。Adam Back 注意到了我们两篇论文的相似之处，然后把你的网站介绍给了我）。

```
From: "Satoshi Nakamoto" <satoshi@anonymousspeech.com>
Sent: Friday, August 22, 2008 4:38 PM
To: "Wei Dai" <weidai@ibiblio.org>
Cc: "Satoshi Nakamoto" <satoshi@anonymousspeech.com>
Subject: Citation of your b-money page

I was very interested to read your b-money page.  I'm getting ready to
release a paper that expands on your ideas into a complete working system.
Adam Back (hashcash.org) noticed the similarities and pointed me to your
site.

I need to find out the year of publication of your b-money page for the
citation in my paper.  It'll look like:
[1] W. Dai, "b-money," http://www.weidai.com/bmoney.txt, (2006?).

You can download a pre-release draft at
http://www.upload.ae/file/6157/ecash-pdf.html  Feel free to forward it to
anyone else you think would be interested.

Title: Electronic Cash Without a Trusted Third Party

Abstract: A purely peer-to-peer version of electronic cash would allow
online payments to be sent directly from one party to another without the
burdens of going through a financial institution.  Digital signatures
offer part of the solution, but the main benefits are lost if a trusted
party is still required to prevent double-spending.  We propose a solution
to the double-spending problem using a peer-to-peer network.  The network
timestamps transactions by hashing them into an ongoing chain of
```

图 6-2

在这封邮件中，我们可以看到比特币白皮书的雏形。不过，当时比特币还不叫比特币，而叫电子现金（Electronic Cash）。

这封邮件并没有引起戴维的注意，他只是简单回复说他会看看。

8 月，中本聪注册了域名 bitcoin.org，并保护性地注册了域名 bitcoin.net，而当时 bitcoin.com 这个域名已经被别人注册了。看来那时他就已经准备好了。

6.1.2 中本聪与哈尔·芬尼

2008 年 10 月 31 日，中本聪发表长达 9 页的比特币白皮书《比特币：一种点对点的电子现金系统》。

在看到比特币的白皮书后，哈尔·芬尼十分兴奋，他立即与中本聪取得联系。哈尔·芬尼多年后回忆道："他（中本聪）似乎挺愤世嫉俗的，我则比较理想主义。"

然而，仅仅有白皮书还是不够的，中本聪还要把白皮书的理念变成实现。中本聪既是比特币的产品经理，也是比特币的程序员。接下来的几个月，中本聪忙着实现比特币系统。

2009 年 1 月 3 日，中本聪挖出了创世区块。他于 18:15:05（GMT）挖出第一批 50 个比特币。比特币诞生了。

中本聪把当天泰晤士报一篇文章的标题写进了创世区块里（本文开头提到的那篇文章《Chancellor on brink of second bailout for banks》）。

1 月 9 日，比特币的第一版客户端 v 0.1 发布。

客户端发布后，哈尔·芬尼马上将其下载下来，中本聪给他发送了 10 个比特币，完成了比特币历史上的第一笔交易，如图 6-3 所示，时间定格在 2009 年 1 月 12 日。

图 6-3

随后几天，中本聪收到来自哈尔·芬尼的多封电子邮件，讨论技术问题。通常是哈尔·芬尼向中本聪反应 Bug，让中本聪修复。哈尔·芬尼还尝试了挖矿。

就这样，比特币开始在一小群密码朋克中悄然传播。

6.1.3 中本聪与马尔蒂·马尔姆

2009 年，还在赫尔辛基理工大学读二年级的马尔蒂·马尔姆（Martti Malmi）偶然发现了 bitcoin.org。当年 5 月，他给中本聪发邮件写道："I would like to help with Bitcoin, if there is something I can do。"（我想帮帮比特币，如果我能做什么的话。）

其实在联系中本聪之前，马尔蒂就在 anti-state.org 平台上发表过一篇关于比特币的文章。马尔蒂还在邮件中附上了他的文章链接。中本聪读了他的文章，并给他回了邮件，表示他对比特币的理解是完全正确的。没多久，中本聪就让马尔蒂"帮忙"了，即让他用自己的电脑运行比特币程序。

虽然还在读大学的马尔蒂不能帮中本聪写代码，但他写文章还是可以的。正好当时比特币网站需要一些介绍比特币的文字来解答新人的问题，例如，《比特币是否安全》《为什么要使用比特》等。中本聪在邮件中对马尔蒂说："我写作水平不怎么样，我编程水平更好一些。"两天后，马尔蒂没有辜负中本聪的期望，写出一篇长文，解答了新人对比特币的七个基础疑问。中本聪看了十分喜欢，随即给予马尔蒂完全的权限，准许他对比特币网站做任何修改。

在一次给马尔蒂的邮件中，中本聪提到他注意到有人把比特币称作"加密货币"（Cryptocurrency），并问："或许我们在说比特币时可以使用这个词。你喜欢这个词吗？"

6.1.4 中本聪与拉斯洛

2010 年，比特币的影响开始逐渐扩大。

5 月 22 日，佛罗里达的程序员拉斯洛（Laszlo Hanyecz）花一万个比特币买了两个比萨，成为比特币历史上的第一笔实物交易，那两个比萨也成了史上最贵的比萨。为纪念这一天，5 月 22 日被非正式地称为"比特币比萨日"。

其实，拉斯洛也跟中本聪有过联系。2010 年，拉斯洛开始挖比特币。当然，作为程序员的他不满足于此，也想为比特币开发做点儿贡献。他给中本聪发邮件，表达了他的想法，中本聪同意了。随后，中本聪给他发来一些任务。

不过，据拉斯洛回忆，接受任务的整个过程比较"诡异"（weird）："我觉得比特币很棒，我想参与进去，但我平时是有工作的，而中本聪会直接发邮件给我：'你能不能修改这个 Bug？''你能不能做这个？'"拉斯洛把开发比特币当作副业，中本聪则把他当作全职员工。"他（中本聪）说：'我们有这些问题，我们需要修复他们'，我心想，我们？我们不是一个团队。"而中本聪也不喜欢拉斯洛花太多时间在挖矿上。

6.1.5 中本聪与加文·安德烈森

2010 年，加文·安德烈森在 InfoWorld 上第一次接触到比特币，随即被它征服。

6 月 12 日，加文·安德烈森在 BitcoinTalk 上给中本聪发了站内信，与中本聪取得联系。加文·安德烈森作为一名经验丰富的程序员，逐渐参与到比特币的开发中，并获得中本聪足够的信任，慢慢执行更多编程任务。后来，中本聪退出，加文·安德烈森接手比特币的开发。

2010 年，随着比特币的逐渐流行，人们对比特币的交易需求开始增加。这期间发生了很多事。

2 月 6 日，Bitcoin Market 成立，它是第一个比特币交易所。7 月 17 日，交易平台 Mt.Gox（因谐音常被称为"门头沟"）成立。11 月 6 日，比特币市值达到 100 万美元。12 月 16 日，第一个矿池 Slushpool 开始运行并挖矿出块。12 月 3 日，有人在 BitcoinTalk 上发帖寻找维基解密（WikiLeaks）相关人员的联系方式，希望维基解密能使用比特币。对此，中本聪回帖表示担忧，他在回帖中称："我已向维基解密呼吁，不要使用比特币。比特币还是一个很小的社区。"中本聪认为，比特币需要慢慢发展，才能逐渐变强。12 月 11 日，中本聪再次发帖，说："维基解密已经捅了马蜂窝，一大波马蜂在向我们涌来。"12 月 12 日，中本聪在 BitcoinTalk 上发表最后一篇主旨为"添加 DoS 攻击限制，移除安全模式"的帖子，如图 6-4 所示。随后，中本聪隐退。

BitcoinTalk

Added some DoS limits, removed safe mode (0.3.19)

2010-12-12 18:22:33 UTC - Original Post - View in Thread

There's more work to do on DoS, but I'm doing a quick build of what I have so far in case it's needed, before venturing into more complex ideas. The build for this is version 0.3.19.

- Added some DoS controls
As Gavin and I have said clearly before, the software is not at all resistant to DoS attack. This is one improvement, but there are still more ways to attack than I can count.

I'm leaving the -limitfreerelay part as a switch for now and it's there if you need it.

- Removed "safe mode" alerts
"safe mode" alerts was a temporary measure after the 0.3.9 overflow bug. We can say all we want that users can just run with "-disablesafemode", but it's better just not to have it for the sake of appearances. It was never intended as a long term feature. Safe mode can still be triggered by seeing a longer (greater total PoW) invalid block chain.

Builds:
http://sourceforge.net/projects/bitcoin/files/Bitcoin/bitcoin-0.3.19/

图 6-4

6.1.6 中本聪与迈克·赫思

2010 年 12 月 12 日之后，中本聪还与一些人保持着电子邮件往来。其中就包括迈克·赫恩（Mike Hearn）。早在 2009 年 4 月，迈克就给中本聪发过邮件询问关于比特币的问题，多次联系之后，迈克获得中本聪的信任，逐渐参与到比特币的开发中来，他们一直通过邮件联系。2011 年 4 月 20 日迈克又给中本聪发了一封邮件。在邮件中，他说："I had a few other things on my mind（as always）. One is, are you planning on rejoining the community at some point（eg for code reviews）, or is your plan to permanently step back from the limelight?"（我有几个事情想问，其中一个是，你会重新回到比特币社区吗？例如做做代码审查，还是你打算永久退出了？）

4 月 23 日，中本聪回复道："I've moved on to other things. It's in good hands with Gavin and everyone."（我已经转移到其他事情上去了。比特币在加文还有大家的手上做得挺好的。）如图 6-5 所示。

```
From: Satoshi Nakamoto <satoshin@gmx.com>
Date: Sat, Apr 23, 2011 at 3:40 PM
To: Mike Hearn <mike@plan99.net>


    I had a few other things on my mind (as always). One is, are you planning on rejoining the community at some point (eg for code reviews),
or is your plan to permanently step back from the limelight?


I've moved on to other things.  It's in good hands with Gavin and everyone.

I do hope your BitcoinJ continues to be developed into an alternative client.  It gives Java devs something to work on, and it's easier with
a simpler foundation that doesn't have to do everything.  It'll get critical mass when impatient new users can get started using it while the
other one is still downloading the block chain.
```

图 6-5

从此，再也没人能联系上中本聪了。

6.1.7 中本聪的最后一次现身

令人意外的是，在隐退三年之后，中本聪于 2014 年 3 月 7 日现身币界网（P2P Foundation），并发了一条信息：我不是 Dorian Nakamoto，如图 6-6 所示。这是因为当时全世界都在寻找中本聪，新闻周刊发文称他们找到了中本聪，即日裔美国工程师 Dorian Nakamoto。

图 6-6

此后，直到现在，中本聪再也没有现身。

6.1.8 中本聪身份之谜

中本聪的隐退并没有影响比特币的发展，他把开发主导权交给了安德烈森，由他负责比特币的开发。

随着比特币的影响逐渐扩大，价格一路走高，人们愈发好奇：中本聪到底是谁？中本聪虽然跟不少人有过电子邮件往来，但他从来不提他的私人生活，他住哪儿，做什么工作等统统不提。

如果有人问他这些问题，他也从不回答，所以大家对中本聪知之甚少。黑客、记者、网友等各路人马纷纷出动，寻找中本聪，这个过程曲折又离奇。有人分析了他的邮件，查找 bitcoin.org 网站服务器的位置，使用各种手段，直到现在，都没有找到中本聪。这期间，有各种猜测，有人认为哈尔·芬尼是中本聪，有人认为尼克萨博是中本聪，甚至还有人自称中本聪，当然最后都没有充分的证据证实这些观点。直到现在，谁是中本聪依然是个谜。对于中本聪，我们只知道以下信息：

- 他读英国报纸（写入创世区块的内容是英国泰晤士报一篇文章的标题）。

- 他自称是日本人，但英语十分流利，他使用英式英语拼写，例如他用 favour（美式英语为 favor）、colour（美式英语为 color）、grey（美式英语为 gray）和 modernise（美式英语为 modernize）。

- 他在网上的发帖时间符合美国时区的时间。

所以，人们猜测他或许是一个居住在美国的英国人。

6.1.9 中本聪有多牛？

中本聪的牛体现在两个方面：

第一，中本聪能完全隐藏自己的身份，全世界那么多黑客、记者都没能把他找出来，在这个互联网时代能够隐藏身份，可见他的技术有牛！

第二，比特币作为中本聪的发明，体现了中本聪的思想理念。

V 神曾在一篇文章中说，中本聪设计比特币的时候，有意无意地躲过了一些陷阱：

- 比特币地址是公钥的哈希值，那么为什么比特币不直接使用公钥作为地址呢？还要再进行一次哈希操作，不是无谓的浪费吗？使用公钥的哈希有一个好处是，如果量子计算机出现了，那么量子计算机可以轻而易举地破解公钥，却很难破解公钥的哈希。所以，在理论上，比特币是不需要担心量子计算机的（至少可以为我们争取到找到解决办法的时间）。

- 很多人都不明白为什么比特币的总量是 2100 万，而不是 3100 万，不是 21000 万？偏偏是 2100 万。首先，这个数字远小于 2 的 64 次方减 1，这是计算机可以用标准整数形式存放的最大整数，一旦超过那个值，数值就将归零。其次，聪是比特币的最小单位，相当于一亿分之一比特币，从计算角度上，总"聪"数要设法低于更小的阈值——可以用浮点格式表示可能的最大整数。如果中本聪当时选择了 21000 万而不是 2100 万这个值，那么很多语言里的比特币编程就会比现在复杂多了。

- 比特币没有使用常规的加密算法，而是使用了科布利茨（Koblitz）的椭圆曲线函数加密算法，躲过了美国国安局在加密标准中留下的后门[①]。

还有一个有意思的事。

---

① 2013 年，斯诺登称美国国家安全局（NSA）在国际加密标准中植入了后门，而中本聪使用的椭圆曲线并非 NSA 的标准，从而避免了比特币系统的安全漏洞。

中本聪在 P2P foundation 平台上注册过账户，这是一个讨论 P2P 技术的论坛，中本聪填写的生日信息是 1975 年 4 月 5 日，如图 6-7 所示。

图 6-7

普通人或许会觉得这是一个平淡无奇的日子，其实里面有点儿门道。1933 年 4 月 5 日，美国总统罗斯福签署了 6102 号政府法令，规定所有美国公民持有黄金都是非法的。这么做的目的是让美国债务贬值，以对抗大萧条，是一个全民买单的做法。

直到 1974 年 12 月 31 日，美国总统福特签署了黄金合法化法案，美国公民才可以再次合法持有黄金，即美国公民在 1975 年可以再次合法持有黄金。1975 年和 4 月 5 日的组合不太像是一个巧合，更像是中本聪有意为之。

总之，虽然中本聪消失了，但他给我们带来了比特币和区块链。它们不仅颠覆了我们对传统货币体系的认知，而且重塑着我们生活的方方面面。

或许比特币在未来无法真正取代法定货币，但它带来的影响，带来的去中心化的理念，会根植于这个世界。这一场社会试验或许才刚刚开始……

6.2 V 神的传奇人生：从魔兽小顽童到区块链小王

维塔利克·布特林（Vitalik Buterin），人称 V 神、小神童。在"圈内大佬扑克牌"上，他是小王，地位仅次于中本聪。

集各种光环于一身的他，2021 年，才 27 岁。

6.2.1 天才的童年时光

1994 年，维塔利克在俄罗斯的科洛姆纳市出生。科洛姆纳市并没有诞生过什么伟大的人物，维基百科上只记录了一条：科洛姆纳市是冰球运动员弗拉基米尔的出生地，看来这地方称不上人杰地灵。

他的父亲是一名计算机科学家。6 岁的时候，他们举家移民到了加拿大。

维塔利克在很小的时候，就展示出了他在数学和编程方面的天分，他心算的速度是普通人的两倍。当然，跟多数天才一样，这种天分给他带来了不少烦恼，他被同龄的小伙伴视作怪胎，小伙伴们都排挤他，放学后都不带他一块玩。

后来，维塔利克到了多伦多的一所私立高中读书。在这里，他如鱼得水，那是他人生中"最有意思也最有效率的时光"。在这里，维塔利克学习、娱乐两不误，不仅功课优秀，游戏也玩得很溜。

6.2.2 从魔兽世界到比特币

维塔利克 13 岁就开始玩魔兽世界。在 2010 年的某一天，由于暴雪娱乐公司的一次升级，他在魔兽世界里的角色的某些特性被修改了，他悲伤欲绝，后来干脆把魔兽世界给删了，足以见得他的性格之刚烈。

2011 年，17 岁的维塔利克从爸爸那第一次听说了比特币，听完爸爸的介绍，维塔利克的脑里只有一个想法：长期来看，比特币一文不值。

不过，当他第二次听人们提起比特币时，便被比特币吸引了。他决定花点儿时间来了解，在研究中，他完全被迷住了，并打算进入这个行业。那时，他既没有钱买币，也没有矿机挖币。于是，他试图找一份用比特币来付薪水的工作。还真让他找到了：帮一家媒体在论坛上写稿件，每篇稿件有 5 个比特币的报酬。

维塔利克于是开始了快乐的写作时光，而他的文章吸引了 Mihai Alisie（来自罗马尼亚的比特币死忠粉）的注意。后来，他们共同创办了比特币杂志，维塔利克出任首席撰稿人，而当时，他还在滑铁卢大学读书。

6.2.3 突破比特币的局限，创立以太坊

2013 年，维塔利克在美国加州的圣何塞参加了一个与比特币相关的会议。比特币爱好者们从世界各地云集而来，卡梅隆和泰勒·文克莱沃斯兄弟（曾起诉扎克伯格的 Facebook 剽窃他们的创意并胜诉）也来了。他日后回忆这次会议时说："那一刻，我太惊讶了，我觉得这个事情非常有前途，可以尝试一下。"

回去没多久，他就从学校退学了，并花了六个月时间周游世界：以色列、加利福尼亚、伦敦、洛杉矶、拉斯维加斯、阿姆斯特丹……，拜访那些想改进比特币的个人和团队。

这一圈转下来，维塔利克发现，大家做的东西无非都是在比特币的基础上修修补补，没有从根本上改进比特币。他认为，应该给比特币加上图灵完备的编程语言，这样任何人都能在上面开发去中心化应用，而不仅仅局限于金融领域。这个看法在当时无异于异想天开。维塔利克把他的想法跟其他人说的时候，有耐心的人会说"这个想法不错"，而没耐心的人根本不理他。

维塔利克决定自己干。他用一个月把想法写成了白皮书，并为其取名以太坊（Ethereum）。这个名字来源于古希腊哲学家亚里士多德所设想的一种名为以太的物质。19 世纪的物理学家认为，它是一种曾被假想的电磁波的传播媒介。

他把白皮书发给了十几个朋友，让他们帮忙看看，找找碴挑挑错。1996 年就开始创

业的工程师 Stephan Tual 是其中一个，他说："读了白皮书后，我惊呆了。当时我就想，这家伙真是个天才啊，我得去帮他打工。"他后来加入了以太坊团队并成为首席内容官（CCO）。

几个月后，维塔利克在迈阿密的比特币大会上做演讲，他给参会者介绍了以太坊，引起了不小的轰动。再后来，他们筹集了约 31000 个比特币，作为开发经费。

2015 年，以太坊正式上线，当时维塔利克 21 岁。在之后的岁月里，以太坊作为区块链世界的操作系统，成为各类区块链项目的基石，推动着区块链价值的显现和传播。维塔利克本人也一直活跃在区块链领域。

从某种程度上，作为在人生如此早期就找到自己热爱的事业并为之投注全身心精力的人，维塔利克是幸运的，也是幸福的。

6.3 中本聪的继承人，比特币"养父"的传奇故事

2017 年 11 月 11 日，正当国内众多网民忙于"剁手"的时候，大洋彼岸的一条推文在数字货币领域掀起了不小的波澜。这条推文背后想表达的意思是：BCH 才是真正的比特币！

一时间，各路人马纷纷加入讨论，而 BCH 社区与 BTC 社区差点儿打起来。

发布这条推文的人是加文·安德烈森（Gavin Andresen）。他究竟是何方神圣？为什么能够引起如此之大的动静？

他是比特币开发团队核心成员，中本聪消失前少数几个保持联系的人之一。他组建了比特币基金会，并担任首席科学家，人称"中本聪的继承人""比特币的养父"。

6.3.1 与区块链结缘

加文·安德烈森 1966 年出生于澳大利亚，五岁时移民美国。1988 年，他从普林斯

顿大学毕业，获得了计算机科学学位。毕业后，加文·安德烈森顺理成章地在一家硅谷公司当了程序员，工作主要是 3D 图形方面的，一干就是 8 年。1996 年，他创办了 Wasabi 软件公司，期间研发了 SkyPaint 软件。后来，他还做过互联网电话（Voice over Internet Protocol，VoIP），开发过多人在线游戏，涉猎比较广泛。

这基本就是 2010 年前加文·安德烈森的工作经历，成绩普普通通，算不上多么耀眼。然而，一个人的命运，不仅要看个人奋斗，还要看历史的进程。

2010 年，加文·安德烈森做梦也想不到，自己的生活将发生天翻地覆的改变。

那年，加文·安德烈森在 InfoWorld 网站上看到了一篇介绍比特币的文章，这是他第一次接触比特币。

他马上就被比特币背后的思想征服了。他着了魔似的，把比特币的源码通读了一遍，还把能找到的关于比特币的文章都看了，一边看一边拍大腿："牛人啊!"由此，加文·安德烈森成了中本聪的"迷弟"。

在把比特币研究了一通后，他注册了 BitcoinTalk 论坛的账号，还给中本聪发了一封站内信，大意如下：

你好! 我是一名程序员。我建了一个小站——freebitcoins.appspot.com，还准备开发其他几个应用，不过我觉得我还可以做点别的事情。我是 VRML 3D-graphics-on-the-web 的主架构师。请教你几个问题，你多大了? 中本聪是你的真名吗? 你有没有全职工作? 你以前参与过什么项目? 总之，比特币很牛，我想出一份力，你看我能做些什么? 如有需要，请尽管吩咐!

虽然这种行为跟普通粉丝追星没什么区别，但他就这样跟中本聪联系上了。

那时候，为了推广比特币，加文·安德烈森自掏腰包，花五十美金买了一万个比特币，创办了 freebitcoins 网站（上面的站内信中提到过）。当时，凡是网站的浏览者都能获得 5 个比特币的奖励。

中本聪回复了他。看到加文·安德烈森是个程序员，中本聪就让他为比特币贡献代码。看到他写的代码还不错，中本聪就逐渐交给他更多的编码任务。

有一天，中本聪问加文·安德烈森，能不能把他的邮箱放到比特币网站的首页上，加文·安德烈森心里乐开了花，立马同意了。

由此，中本聪开始逐渐转向幕后，比特币这个"孩子"慢慢移交给了"养父"。

6.3.2 成立比特币基金会

对于比特币的宣传，加文·德烈森相当积极主动。2011 年，加文·安德烈森在 BitcoinTalk 论坛上发了篇帖子，说他要去给 CIA 讲讲比特币。

没错，就是那个特工扎堆的 CIA。没想到"科普进万家"的活动科普到 CIA 头上来了。

论坛议论纷纷，人们纷纷猜测加文·安德烈森是不是被 CIA 盯上了？比特币是不是要被打击了？于是，很多人都劝他别去。但他自有他的道理，他认为：这是一次很好的机会，可以消除人们对比特币的误解。

还是 2011 年，为了更好地推广比特币，加文·安德烈森提议成立非营利性的比特币基金会。此举得到了社区的广泛支持。

2012 年，比特币基金会正式成立，加文·安德烈森任首席科学家，初始成员还包括 Mark Karpeles——"门头沟"交易平台的 CEO。

6.3.3 从合作走向分歧

随着时间的推移，加文·安德烈森花在项目上的时间越来越少。

他在比特币团队的继任者在一次采访时说："加文·安德烈森不仅不写代码了，连讨论和代码审核也不参与了。"

其实这也可以理解，加文·安德烈森为比特币的发展操碎了心，既当"爹"又当"妈"，除了写代码还有宣传工作要做。但其他开发者可不管这些，他们觉得，加文·安德烈森作为首席科学家和主要开发者不够称职。

比特币核心开发团队与加文·安德烈森之间的分歧开始显现，"比特币区块大小"的问题直接导致了他们矛盾的爆发。

同时，经过几年的发展，使用比特币的人比以前多了很多（至少是买卖比特币的人多了），比特币网络开始变得拥堵，原本 1MB 大小的区块已无法满足需求。

为了解决这个问题，加文·安德烈森认为应该把区块大小提高到 20MB，也就是所谓的"扩容"。而其他开发团队成员有不同意见，他们觉得扩容会导致中心化，因为扩容需要更多的带宽，性能更高的 CPU，这样只有那些财力雄厚的少数人能够进行扩容，而财力不足的矿工会被淘汰。

2015 年，加文·安德烈森在自己的博客上发布了数篇博文，阐述了他对扩容问题和大区块问题的看法。

这激怒了开发团队的其他成员，核心开发成员之一的 Lombrozo 说："这不是区块大小的问题，这是沟通流程的问题。"

在"扩容"问题上，双方各执己见，始终无法达成一致，社区也分成了两派，进行了几年的争吵，这直接导致了 2017 年的比特币分叉①。

在扩容问题上得不到开发团队支持的加文·安德烈森，后来转而支持大区块的BCH，也就有了开头的那一幕。

2016 年，加文·安德烈森发布了一篇博文，认为 Craig Steven Wright 就是中本聪。比特币核心开发团队这次又不开心了。

Wladimir van der Laan 随后在一篇博文中称："加文·安德烈森的代码修改权已经被撤销了。"这意味着这位比特币开发团队的首席开发者、首席科学家，已经无法对比特币的代码进行修改。Wladimir van der Laan 的理由是：如果加文·安德烈森把比特币的代码修改权交给 Craig Steven Wright，而事后发现他不是中本聪，那么比特币就被一个骗子控制了。

---

① 加文·安德烈森的 20MB 大区块方案，还遭到了当时国内交易平台的抵制。

后来，事实证明 Craig Steven Wright 并不是中本聪，这狠狠地打了加文·安德烈森的脸。他本人也十分后悔，很多人开始对他的判断力产生了怀疑。

2017 年，加文·安德烈森透露自己已退出比特币基金会，将逐步退出比特币核心开发团队。

如今，已经五十多岁的加文·安德烈森依然活跃在数字货币领域，并且还在写代码，这种精神值得我们学习。

在一次 Reddit 上的 AMA 活动中，有人问他如何平衡工作与生活，他答道："我试着少工作一些，因为我需要多锻炼，多与家人相处（我的孩子还有几年就要上大学了）。我通常一周工作五天，每天七个小时。我有两个孩子，一男一女，都十几岁。在生活与工作间找到平衡的关键是把'No'挂在嘴边。比如说'对不起，我不能参加你们在博茨瓦纳的会议。'"

6.4 布莱恩·阿姆斯特朗创立最大加密独角兽公司

比特币白皮书的出现，为一些人打开了通往新世界的大门，布莱恩·阿姆斯特朗（Brian Armstrong）就是其中一位。

2010 年，阿姆斯特朗说他读到了五年内最令人振奋的文字——比特币白皮书，他反复阅读中本聪的杰作，无法停止想象比特币带来的改革潜力。

两年后，一家名为 Coinbase 的加密货币交易平台诞生，并成为世界上最大的加密货币交易平台之一，阿姆斯特朗正是其联合创始人兼 CEO。

2021 年 2 月，Coinbase 向美国证券交易委员会（SEC）提交了上市申请，成为首家试水资本市场的加密货币交易平台，加密行业研究机构 Messari 根据 Coinbase 涉及的业务，比如交易、托管、借记卡等，将 Coinbase 估值 280 亿美元。4 月 15 日，Coinbase 在纳斯达克上市，股票代码为"COIN"，当天涨幅 60%，市值超千亿美元。而阿姆斯特朗在 Coinbase 约占股 16%，身价超百亿美元。那么，年仅 37 岁的阿姆斯特朗究竟是什么来历？

6.4.1 教育行业 CEO、硅谷码农和加密货币创业者

阿姆斯特朗出生于 1983 年 1 月 25 日，在加利福尼亚的圣何塞长大，父母都是工程师。就读于莱斯大学，拥有莱斯大学经济学学士学位和计算机科学硕士学位。

阿姆斯特朗大三时创立了 UniversityTutor，一个在线教育平台，2003 年 8 月至 2012 年 5 月，阿姆斯特朗在 Universitytutor. com 担任 CEO。同时，他还在知名企业如德勤会计师事务所、Touche 以及 IBM 实习。在硅谷，他是 Airbnb（一个旅行房屋租赁社区，总部设在旧金山）的一名程序员。

在 Airbnb 工作时，阿姆斯特朗发现雇主在给异地的房东们寄钱时遇到了各种不便，这让他看到了这个国家正在受到恶性通货膨胀的影响，经济危机留下的阴影仍未解除。

他说："那时我刚刚决定去从来没有到过的南美洲旅行一年，弄清楚我这辈子想做什么。我认为这是一次有趣的经历，因为我看到另一个国家的金融体系经历了恶性通胀。"

2010 年，他在 Hacker News 网站上看到了比特币白皮书的链接，在被中本聪的理念所折服后，阿姆斯特朗认为，如果比特币真的能对互联网产生影响，他就应该亲手打造加密货币领域最具特色的公司。

他开始在周末和深夜工作，用 Ruby 和 JavaScript 语言编写代码来购买和存储比特币，开始开发交易平台和钱包原型。

最终，他用 Ruby 语言开发了一个安卓钱包，并开始允许全节点。他把自己的产品带到了 Y Combinator，成功得到了融资。

2012 年 6 月，阿姆斯特朗卸任 UniversityTutor 网站 CEO，同时辞去了 Airbnb 的职位，开始正式追逐自己的梦想。

6.4.2 为全世界创造一个公开的金融系统，成为"币圈的谷歌"

2012 年 6 月，阿姆斯特朗创立了 Coinbase 并担任首席执行官。

那时，一个比特币的价值还不到 10 美金。但一年后，Coinbase 的用户数量就达到百万，交易所为 32 个国家的 1000 多万客户提供服务，为数字资产提供超过 10 亿美元的托管服务。

这个过程不免波折，2013 年，Coinbase 的 App 在苹果应用商店上线不到一个月就被下架，随后于 2014 年恢复。同时，关于宕机、诉讼、分叉、侵犯隐私等的争议从未停止。

但是，Coinbase 在融资和合规性两方面的发展，可谓顺风顺水顺财神，一路开挂。

2013 年，Coinbase 在 A 轮融资中获得 USV 500 万美元的投资；同年 12 月，在 B 轮融资中获得 USV、Ribbit Capital 和 A16Z 共同投资的 2500 万美元。2015 年 1 月，Coinbase 的 C 轮融资高达 7500 万美元，这是区块链企业第一次获得如此巨额的融资，估值达到 4 亿美元。

Coinbase 成为当时筹集资金最多的比特币公司，Coinbase 的比特币钱包已经成为最常用的比特币钱包之一。

在合规性上，2015 年 1 月，Coinbase 成为美国第一家持有正规牌照的比特币交易平台。

2017 年 1 月，Coinbase 获得纽约州金融服务局颁发的数字货币许可证（BitLicense），这意味着 Coinbase 可以在纽约提供加密货币交易服务。

同年 3 月，Coinbase 获得纽约州金融服务局的授权，在该州提供 Litecoin 和 Etherum 交易服务。12 月，Coinbase 获准提供 BCH 交易服务。

2018 年 2 月，Coinbase 无缝对接加密货币支付领域，将加密货币交易推动到了实体经济交易的领域。同年 3 月，Coinbase 获得了英国金融监管局的电子货币许可证（e-money），允许 Coinbase 在英国和欧盟国提供支付和数字加密业务。

2018 年 7 月，美证监会批准 Coinbase 在美国使用加密货币交易和钱包服务。8 月，Coinbase 提供以英镑计价的存取款服务。

有人说 Coinbase 是"世界上最合规的加密货币交易平台"，阿姆斯特朗认为，2020 年依然处于加密货币发展的早期阶段，这一阶段与互联网诞生初期十分相似。而在这场运动中，Coinbase 想要达到的目标就是成为"币圈的谷歌"。

Coinbase 企业及业务发展副总裁 Emilie Choi 说，他们的任务就是要"为全世界创造一个公开的金融系统"。

6.4.3 推出加密慈善平台，陆续上榜影响力人物

2019 年，阿姆斯特朗一再表示他对 BTC 的喜爱。在纪念 BTC 10 岁生日的一系列推文中，他写道 BTC 是他的"初恋"。

比特币白皮书以及全球通用货币的概念促使阿姆斯特朗成立了 Coinbase。中本聪创造比特币的目的是希望全世界的人都能够自由控制自己的资产，实现交易记录不可更改，并为经济活动带来更多的自由。而 Coinbase 的存在是帮助人们获取这项技术。

2020 年 1 月 3 日，阿姆斯特朗在博客中写道：

或许人们没有意识到，在过去 10 年的大部分时间里，人们经常讨论比特币是否会继续存在。人们担心也许比特币协议中会有缺陷，也许它会被宣布为非法，也许它会因为没有内在价值而价值归零。然而比特币不仅存活了下来，而且蓬勃发展，成为这十年来表现最好的资产。

看到了加密货币的巨大潜力，阿姆斯特朗推出了 GiveCrypto（一个新的慈善平台），这个平台将完全由加密货币提供资金，用于帮助那些有经济困难的人。

他认为，密码生态系统可以通过将资源汇集在一起而影响世界，其他人可以从一个"公平和开放的全球金融体系"中受益。

随着区块链的发展，阿姆斯特朗得到越来越多的关注，成为加密货币领域耀眼的巨星。2017 年，阿姆斯特朗入选著名科技网站"Recode 影响力 100 人"；2018 年，35 岁

的阿姆斯特朗被列为全球 40 位 40 岁以下的商界精英之一；2019 年，登上时代周刊《2019 年次世代百大人物》榜单，成为币圈首位上榜人物。

阿姆斯特朗做出的这些升级和变化，也预示着他将走向更广阔的世界，而他所做的这一切，也在加速着去中心化的发展。

远在大洋彼岸的美国旧金山，抑或是北上广的某个办公室角落，有一批热血青年正在被去中心化驱动着走向未来，而已经站在台前的阿姆斯特朗，依旧坚守信仰，率领 Coinbase 不断开拓新的加密疆土，一起走向它的下一个辉煌时刻，一起创造区块链的无限可能。尽管区块链距离"为全世界创造一个公开的金融系统"这个目标而言，还有相当长的一段路要走。

6.5 文克莱沃斯兄弟，区块链稳定币的幕后推手

2018 年，美国纽约州金融服务部门批准了由双子星交易所发行的 GUSD 稳定币。消息一出，便引起了币圈的轩然大波。GUSD 是全球首个受到政府监管，与美元挂钩的以太坊代币，竞争目标剑指稳定币之王 USDT。

无论是在体量还是在影响力上，双子星交易所似乎都难以和头部交易所抗衡。但就是这么一个看似"默默无闻"的交易所，却成为第一批获得官方认可的稳定币发行资格的机构，不得不让人刮目相看。

这与交易所的幕后推手有关，双子星交易所的创始人是文克莱沃斯兄弟，通过对这两兄弟的介绍，想必大家也能对这次稳定币的通过原因窥得一二。

6.5.1 学霸兄弟

文克莱沃斯兄弟（Cameron Winklevoss & Tyler Winklevoss）出生于美国纽约，从小家境优渥，在著名的富人区格林尼治长大，父亲是全美第一商学院——沃顿商学院声名显赫的保险学教授，有着极高的行业声誉。从小衣食无忧的生活环境、良好的家庭教育

让两兄弟能够自由成长，充分发挥自身潜力。

这两兄弟从小就不负众望，展现出了极高的学习天赋。两人 6 岁开始学习钢琴，曾在当地举办小型钢琴演奏会；13 岁时自学 html 语言，上线了一个商业性的网站；高中时，已经熟练掌握了拉丁语和古希腊语；而在高中毕业之后，两人更是双双被哈佛大学录取，攻读经济学位。

除了在学业上取得令人瞩目的成绩，两兄弟还是运动爱好者，对皮划艇这个运动项目有着几近疯狂的痴迷。两人近 1 米 9 的身高优势，也让他们在这项运动上如鱼得水。他们在哈佛念书期间，共同订立了船员计划，招募那些在划船运动上有真正天赋的人才。

而真正让这两兄弟声名大噪的是他们和 Facebook 创始人扎克伯克的剽窃纠纷。

在哈佛念书期间，两人曾一起创立了名为 ConnectU 的公司，想要创新性地开发一个在线社交网络，从而方便哈佛学生和其他大学学生之间的线上交流。他们找来了同是哈佛学生的扎克伯格，向他描述了这个想法，三人一拍即合，两兄弟负责运营推广，扎克伯格负责撰写代码。

后来小扎跟两兄弟分道扬镳，创立了 Facebook，成为史上最年轻的百亿富翁。而文克莱沃斯两兄弟坚持认为扎克伯格的 Facebook 抄袭了他们最开始的创意，向法院提起了剽窃诉讼。这官司一打就是好几年，最后小扎理亏，被判赔偿两兄弟 6500 万美金（包含了 2000 万美元的现金和 4500 万美元的股票）。这就是天才的力量，这两个人在大学时候的一个想法被"卖"到了 4 亿多人民币。

在索赔的时候，出于对当时 Facebook 发展的担忧，律师建议他们将当时价值 4500 万美元的期权兑换为现金。但是，文克莱沃斯兄弟毅然选择拒绝，他们认为 Facebook 当时被严重低估，而后来事情的发展也充分展现了他们的远见。

如果两兄弟一直持有 Facebook 的股票，那么即使什么事都不干，也足以逍遥快活过一生了。不过，他们怎么可能甘于平凡，两人在得到第一桶金后，又继续把自己的热爱发展成了事业。两兄弟努力训练，使得皮划艇的水平突飞猛进，在所谓的运动员最佳年龄代表美国队参加了 2008 年北京奥运会的男子双人单桨赛艇的比赛，并一举拿下了第六名的好成绩！

在运动员生涯达到巅峰之后，两兄弟选择急流勇退。但他们从没有想过拿着扎克伯格的赔款来"养老"，而是选择去另一所世界顶级名校——牛津大学，完成了自己的MBA 学业。

时间转眼来到了 2012 年，扎克伯格的 Facebook 在纳斯达克正式上市，两兄弟手中股票的价值已经飙升至 3 亿美金。

6.5.2 区块链的创业路

同样是在 2012 年，两兄弟接触到了比特币。当时硅谷和华尔街的人都对新兴的数字货币嗤之以鼻，认为其毫无价值，但两兄弟笃定比特币的价值就像 Facebook 一样被世人所低估。

于是，他们在 2012 年的后半年开始逐步买入比特币，那时候他们购买一个比特币的平均成本在 10 美元以下。在随后的几个月里，两兄弟陆陆续续用扎克伯格的庭诉赔款，疯狂购入将近 12 万个比特币，这个数量占据了当时比特币总流通量的 1%。

尽管他们的这一举动被当时很多金融精英嘲讽为"人傻钱多"，但他们很快用实际收益打肿了这些华尔街精英们的脸：2013 年 4 月，在他们的比特币基金成立之时，其手中的比特币价值已经达到 1100 万美元，实现了 10 倍的收益。

当时，两兄弟还因斥资 150 万美元投资了一家名为"Bitinstant"的比特币交易网站，险些葬送了前途：Bitinstant 的 CEO 因为涉及黑市洗钱而遭到逮捕，网站也在一年之后被迫关闭，两兄弟最终因"投资人"的身份而侥幸逃过了检方的起诉。

为了让这样的"悲剧"不再重演，两兄弟早在 2013 年就开始试图建立合规的比特币 ETF 基金。尽管监管层在最近几年数次驳回他们的申请，但他们似乎永远不会放弃，并且坚信"总有一天，他们会意识到比特币 ETF 的巨大价值"。

与此同时，他们还在 2015 年着手建立了属于自己的数字货币交易所——双子星

（Gemini）交易所。Gemini 是拉丁语中双胞胎的意思，同时"双子星计划"是继阿波罗计划之后，将人类再次送上月球的基础项目，因此从名字上看，也有"To the moon"的含义。正如双子星在星空中熠熠生辉一样，兄弟俩也期望能够在数字货币市场上大放异彩。

他们为这个交易所付出了大量的心血，从商业逻辑设计到技术开发，兄弟俩都是亲力亲为。针对双子星的用户，他们使用了高技术含量的措施来保证用户资金的安全：分别设立个人账户和公司账户；采用冷钱包储存用户的数字资产；通过美国联邦存储保险公司（FDIC）为交易所的资金提供保障等。同时，为了尽可能地满足合规性，双子星交易所旗下的信托公司也受到纽约州金融服务部门的监管。

有了 Facebook 的"前车之鉴"，两兄弟特地向美国专利商标局申请了该交易所涉及的八项专利，并且均成功登记在案。

不难想象，最近诞生的受监管的稳定币 GUSD 并不是他们的心血来潮之作，而是经过了无数前期准备工作的精心之作。

在普通人眼中，激进和保守是对立的两极。文克莱沃斯兄弟却把它们视为相生相灭、相辅相成的一体。激进地买入比特币，保守地持有至今；激进地开设交易所，保守地寻求官方监管；激进地踏入新领域，保守地做好每件事情。

有人曾统计，文克莱沃斯两兄弟手上光比特币资产总值就已经超过一百亿人民币，从绝对值来看，早已踏上了财富自由之路。但是，两兄弟的生活依然"朴素"：他们在曼哈顿市中心有自己的公寓，但几乎没有出售过任何原始资产（股票、比特币）；Camelon 拥有一辆旧的 SUV，Tylor 根本没有车，且很少进行奢侈品消费。

英俊的外表、极高的智商、充沛的精力、坚韧不拔的精神、良好的家庭教育、理性的消费观、财富的完全自由……很难相信这些耀眼的词汇都汇聚在一个人的身上，连小说都不敢描写的男主角居然在现实生活中出现了，而且有两个。

拥有如此炫目耀眼的前半生的两兄弟，他们人生的后半程大为可期。

出生于 1981 年 8 月的兄弟俩见证和参与了比特币和区块链的发展。也许这样的信念和坚持，才是区块链行业不断壮大的最大助力。